World Architecture

Vol.4

Mediterranean Basin

第 4 卷

环地中海地区

总 主 编：【美】K. 弗兰姆普敦
副总主编：张钦楠
本卷主编：【瑞士】V.M. 兰普尼亚尼

20 世纪 世界建筑精品 1000 件

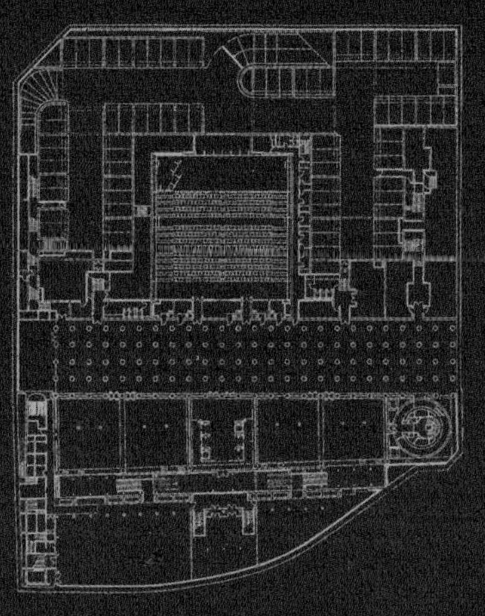

生活·讀書·新知 三联书店

20 世纪世界建筑精品 1000 件
（1900—1999）

本卷主编：V. M. 兰普尼亚尼

中方协调人：郑时龄

本卷评论员

J. J. 拉韦尔塔，西班牙巴塞罗那大学建筑学教授

J. 吕甘，瑞士洛桑联邦理工学院建筑学教授

M. 德・米凯利斯，意大利威尼斯建筑学院教授

Y. 西梅奥弗尔迪斯，希腊雅典大学建筑学教授

A. 沃多皮韦茨，斯洛文尼亚卢布尔雅那大学建筑学教授

本卷翻译

乔　岚（西译中）

张　利（英译中）

毛蔚克（德译中）

本卷审校

郑时龄

目　录

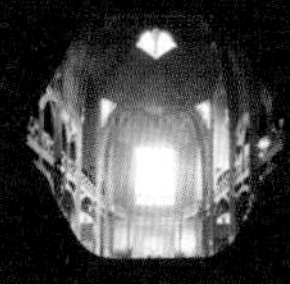

1900—1919

1920—1939

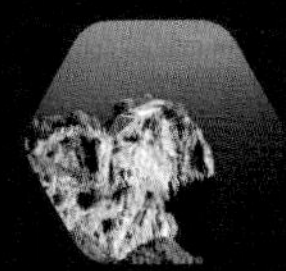

1940—1959

1960—1979

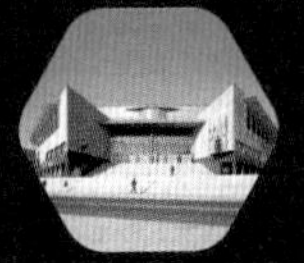

1980—1999

总导言

总主编

K. 弗兰姆普敦

分区与提名的方法

难以想象有比试图对20世纪整个时期内遍布全球的建筑创作做一次批判性的剖析更为不明智的事了。这一看似胆大妄为之举，并不由于我们把世界切成十个巨大而多彩的地域——每个地域各占大片陆地，在社会、经济和技术发展的时间表和政治历史上各不相同——而稍为减轻。

可以证明，此项看似堂吉诃德式之举实为有理的一个因素是中华人民共和国的崛起。作为一个快速现代化的国家，多种迹象表明它不久将成为世界最大的后工业社会。这种崛起促使中国的出版机构为配合国际建筑师协会（UIA）于1999年6月在北京举行20世纪最后一次大会而宣布此项出版计划。

尽管此项百年评介之举的背后有着多种动机，做出编辑一套世界规模的精品集锦的决定可能最终出自两个因素：一是感到有必要把中国投入世界范围关于建筑学未来的辩论之中；二是以20世纪初外国建筑师来到上海为开端，经历了一个世纪多种多样又反反复复的折中主

K. 弗兰姆普敦
（Kenneth Frampton）
美国哥伦比亚大学建筑、规划、文物保护研究生院的威尔讲座教授。他是许多著名建筑理论的开创者和历史性著作的作者，其著作包括：*Modern Architecture: A Critical History* (London: Thames and Hudson, 1980, 1985, 1992, 2007) 和 *Studies in Tectonic Culture: The Poetics of Construction in Nineteenth and Twentieth Century Architecture*, edited by John Cava(Cambridge: MIT Press, 1995, 1996, 2001) 等。

义之后，中国有重新振兴自己建筑文化的愿望。

在把世界划分为十个洲级地域后，我们的方法是为每一地域选择100项均衡分布在20世纪的典范建筑。原本的目标是每20年选20项，每一地域选100项重要作品，全球整个世纪选1000项。然而，由于在20世纪头25年内各国的现代化进程不同，在有的情况下需要把前20年的份额让出一半左右给后来的80年，从而承认当“现代时期”逐步降临时世界各地技术经济发展初始速度的差异。

十个洲级地域的划分如下：1.北美（加拿大和美国），2.中、南美（拉丁美洲），3.北欧、中欧、东欧（除地中海地区和俄罗斯以外的欧洲），4.环地中海地区，5.中东、近东，6.中、南非洲，7.俄罗斯–苏联–独联体，8.南亚（印度、巴基斯坦、孟加拉国等），9.东亚（中国、日本、朝鲜、韩国等），10.东南亚和大洋洲（包括澳大利亚、新西兰、塔斯马尼亚和其他太平洋岛屿）。

这一划分一旦取得一致，接下来就是为每一卷确定一位主编，其任务是监督建筑作品选择过程并撰写一篇综合评论，对本地区的建筑设计做一综述。这篇综合评论的目的除了作为对本地区建筑文化演变的总览之外，还期望对在评选过程中由于意见不同、疏忽或偶然原因而难以避免的失衡做些补救。评选由每卷聘请的五名至九名评论员进行，他们是建筑评论家或历史学家，每人提名100项典范作品，由主编进行综合后最后通过投票确定。

我个人的贡献可以视为在更广泛的范围内对这种人为的地理分割和其他由于这一程序所必然产生的问题

进行补救。然而，在进一步论述之前，我必须说一下在总的现代化过程中出现的有争议的现代建筑和似传统建筑之间的区别。后者承认现代化，但主张以某种措施考虑文化延续性和抵抗性，因此被视为“反动的”。这样，人们会发现各卷之间选择的项目在性质和组成上有甚大的不同，不论是在设计思想上，还是在表达时代的技术和社会特征方面。

在这传统和创新的演示之外，另一个波动是更难解释的同一时间和地点发生的不同建筑表达模式，它们不仅在强度上不同，而且作为一种文化势力或运动的存在时间也大相径庭。为了说明这种变化，我们可以芝加哥的草原风格为例。它从1871年的大火到1915年赖特设计的米德韦花园（Midway Gardens），是连续发展的，但其后这一地方性运动就失去了其劲头和方向；与此相反的是南加州家居发展的长得多的轨迹，它从1910年I. 吉尔设计的道奇住宅开始，到60年代洛杉矶的最后一座案例研究住宅为止，佳作延绵不断。同样，我们可以提到德国在1905年至1933年间特别丰产的时期，以及芬兰、捷克斯洛伐克同一时期的状况，其发展一直延续到第二次世界大战之前。人们也可注意到：这两个国家对激进现代建筑的培育离不开国家作为进步现代力量的概念。类似的意识形态上的民族文化轨迹在斯堪的纳维亚国家和荷兰的特定时期也可看到。

我们还可以看到与结构工程学相关的文化如何因时因地变化，在某个国家其技术潜力和优雅可塑达到特别高超的程度，而另一国家尽管掌握其普遍原理，却逊色甚多。于是，在1918年至1939年间的法国、瑞士、意大利、捷克斯洛伐克和西班牙可见到真正出色的结构工程文化，尤其是在钢筋混凝土领域，而英美国家在同一时期内却只有最实用主义的构筑形式。在英国，唯一的例外是工程师E. O. 威廉斯的工厂建筑和丹麦流亡工程师O. 阿鲁普的作品。在美国，混凝土领域的例外案例是巨大的水坝，特别是在田纳西河流域管理局以及在科罗拉多建造的巨石坝。

当然，在世界范围内，技术经济发展的速度是大为不同的，至今，还有前工业文化，乃至前农业、游牧、部落文化以这样那样的方式生存下来。同时，有组织的建筑产业连同建筑师职业实践在许多国家仅仅是第二次世界大战以后的事。这种前建筑师的建造文化，B. 鲁道夫斯基在他1963年出版的书中用了“没有建筑师的建筑”这一标题。今日在所谓“第三世界”中却出现了扭曲的反响，这里的许多大城市周围出现了自发移民的集合，自占的土地，没有足够的基础设施，也就是无水、无电、无污水处理等为人类密集居住场所保证健康生存所必需之物。对此，我们得承认一个严峻的事实，这就是即使在像美国这样的发达国家，每年建造量不足20%的部分才是由职业建筑师所设计的。

综合评论

本卷主编

V. M. 兰普尼亚尼

20世纪初，欧美的大部分地区都已经普遍实现了工业化，而世界上其他的地区则愈益依赖发达国家的经济利益。在这些发达国家中，工业革命后的快速增长已逐渐趋于平稳，资本主义国家中占统治地位的中产阶级的经济体系已经深深扎下了根。而那些曾经是西方国家的殖民地、政治上依然屈从于西方世界的国家，工业化进程正在承受着诞生的阵痛。虽然处于不同的发展阶段，欧洲地中海沿岸国家的工业化进程要比北欧和中欧稍晚一些，而此时的北非地中海各国则仍然自囿于传统的社会结构，因而，它们的工业、农业、社会和文化各方面的现代化进展都相应地有所延迟。

欧洲的一部分文化，包括建筑文化在内，迎合了这种变革并致力于创新。技术上的创新成为灵感的重要源泉。1889年，F. 杜特（Ferdinand Dutert）和V. 康塔明（Victor Contamin）设计的机械馆在巴黎世界博览会上展出并成为钢结构发展的一个里程碑，桁架的形式隐含着运动，体现了一种新的美学概念。同年，G. 埃菲尔（Gustave Eiffel）设计建造了埃菲尔铁塔，为这种美学概念树立了一座令人振奋的丰碑。

V. M. 兰普尼亚尼（Vittorio Magnago Lampugnani）教授、博士、工程师、建筑师。1951 年生于罗马。1977 年获得博士学位。1974 年至 1980 年任斯图加特大学科学助理，1984 年至 1985 年在哈佛大学设计研究生院做访问学者，1985 年至 1986 年为柏林高等研究协会会员，1980 年至 1984 年担任柏林国际建筑展览（IBA）新区建设顾问，1991 年至 1994 年担任 *Domus* 期刊主编，1990 年至 1994 年任德国建筑博物馆主任。从 1994 年起，他在苏黎世的瑞士联邦高等工业大学（ETH）任教授。

在怀旧与进步之间：新艺术运动、新古典主义和历史主义

但是这些成就仅仅是与当时占主导地位的品位分道扬镳的个别现象，多数情况下，世纪末的文化不愿承认这种深刻的变革。带着忧伤和失望，艺术家和建筑师们不愿屈从于批量生产的新的现实，尝试通过怀旧的和个人主义的风格来使过时的样式复兴。这种消极态度的典型代表就是象征主义。在这场运动的感召下，一些作家和画家于1885年前后联合起来，试图从客观地表现真实可见世界的枷锁中解放出来，而力求表现幻想、想象和魔力的真实性。

无论如何，以一种全新的、从过去的词汇中解放出来的造型语言来代替折中的历史主义的普遍呼声日益高涨。1881年，第一份先锋派周刊《现代艺术》在布鲁塞尔出版；1895年，“新艺术”商店在巴黎开张，与当时普遍的模仿风格相反，在这里只出售“现代”风格的商品。就此奠定了一个国际性的运动——新艺术运动的基石。

除了奥地利、德国、比利时和英国的重要代表人物之外，值得一提的是法国建筑师H. 吉马尔（Hector Guimard）和L. 博尼耶（Louis Bonnier)，在世纪之交的巴黎，他们代表了新艺术运动中一个优雅的流派。新艺术运动在法国外省的发展首先由南锡学派兴起并走向繁荣，代表人物是E. 加勒（Émile Gallé ）和L. 马若雷勒（Louis Majorelle）。稍后，新艺术运动一个更为凝重

而又复杂的分支——自由派在意大利出现，具体的代表人物是E. 巴西莱（Ernesto Basile）、R. 达隆科（Raimondo D'Aronco）和G. 索马鲁加（Giuseppe Sommaruga）。1902年在都灵举行的国际装饰艺术博览会可以视为他们的代表作。在西班牙，独特的旁观者高迪、L. 多梅内奇·伊·蒙塔内尔（Lluis Domènech i Montaner）以及J. 普伊赫·伊·卡达法尔奇（Josep Puig i Cadafalch）创造了一种华丽的折中主义现代派，成为新艺术运动的加泰罗尼亚学派，在巴塞罗那独树一帜。

在众多不同风格的试验当中，可以分辨出两种相继出现的建筑语言：一种是以凹凸形体、曲线、摇摆、颤动的线条为主的语言，另一种则在重叠的诗意中更多地运用正交关系和几何形元素的关联组合。这两种潮流都致力于根据建筑的实用目的来实现空间布局，用线条作为视觉效果的表现力以及建筑设计的要素，偏爱装饰、形式、色彩以及独特而又高雅的材料。全面地运用设计的意识，从美学的高度去处理一切生活用品，大到城市，小到长沙发靠垫，最终的愿望是使一个新的造型世界渗入小职员和工人家庭的起居室。

而新艺术运动的社会要求恰恰是不可能实现的“乌托邦”：这一时期建造了大量的别墅和宫殿，而非普通工人的小屋。尽管新建的百货商店、工业建筑、地铁车站等也采用了新风格，尽管比利时劳工党建造了一幢十分重要的建筑“人民宫”，新艺术运动仍然属于文化精英，以一副具有优越感的面孔向大众表达自己的主观情感。

事实上，新艺术运动发端于19世纪晚期，直到20

世纪初还只不过是一个小插曲。在1890年崛起时，成为先锋派对抗学院派运动中一个生气勃勃的流派。20世纪初，新艺术运动就已经失去了活力，到了1910年时，它已蜕变为相当僵化的新古典主义。就这样，新艺术运动沉沦为势力强大的“古典思潮”。古典思潮最迟在18世纪就已经广泛流行于世界建筑中，在20世纪初仍然还在建造古典主义的小尖塔。

尽管德国也有过古典传统的代表人物，但是学院派的中心在巴黎的美术学院，它所提倡的内容极为丰富的古典建筑风格不仅广泛应用于公共建筑和设施，例如世界博览会建筑和工业国家的大学建筑，同样也应用在殖民地的政府大厦和城市公寓上。这类法国建筑风格直到20世纪30年代还在影响开罗和阿尔及尔的城市中心。在意大利，古典建筑风格也得到延续，从年轻的M. 皮亚琴蒂尼（Marcello Piacentini）或A. 布拉西尼（Armando Brasini）的作品中即可见一斑。

与此同时，在20世纪30年代以前，在北非的城市中还活跃着一种基于古代伊斯兰建筑文化的历史主义。这种新伊斯兰风格往往被看作文化独立的见证，尤其是在北非国家的政治、经济还处于英、法统治下的时候。20世纪初，历史主义风格大多用于从欧洲引入的建筑类型上，如博物馆等的装饰样式，到20年代后期，它便毫无困难地融入国际的装饰艺术运动中。从M. 帕夏（Mustafa Pasha）在开罗的建筑作品中就可以找到鲜明的例子。

面对新挑战的压力：钢筋混凝土建筑的发展

应当看到，温和的表现诸如新古典主义、传统主义或有机建筑，只能尾随政治、技术和文化思潮，在多数情况下，所谓思潮也是人为形成的。一旦建筑文化直接面对这些促进因素时，必然会变得十分彻底而又激进。

动力又一次来自技术领域：钢筋混凝土在建筑业的应用对20世纪建筑的重要性就如同铸铁对19世纪的建筑一样。就原则而言，将混凝土和铁筋结合起来的主意始于19世纪后半叶，早在1849年，法国园艺师J. 莫尼耶（Joseph Monier）就用钢筋混凝土制作花盆。但是，真正认识到钢筋混凝土作为结构材料的潜力的美国人J. W. 海厄特（John Wesley Hyatt），在1878年将此技术申请专利。海厄特将混凝土的抗压强度和钢筋的抗拉强度结合起来，而钢筋也受到混凝土的保护，提高了钢结构的耐火性和防腐性。

而在欧洲第一次大规模运用这种新型材料，并且作为唯一的建筑材料在高层建筑上运用的功绩则属于法国企业家F. 埃内比克（François Hennebique）。他于1892年建造了一个钢框架结构，从地基到屋顶均为钢筋混凝土。1904年，他在莱茵堡为自己建造的别墅展示了钢筋混凝土的成就，并且他致力于在这一座建筑物上证明钢筋混凝土在结构上的可能性。这座建筑体现了他技术上的高超技艺，但是就设计而言，反映出他仍然依赖于19世纪的语言。同样，A. 迪・博多（Anatole de Baudot）在巴黎建造的圣让・迪・蒙马尔特教堂（1894—1904）

也是钢筋混凝土框架结构——新哥特式建筑的代表。

几乎所有激进的现代派建筑都应用了这种新的建筑材料以及它的多样的表达形式，但是对于新的建筑语言来说唯一起决定作用，而又完全不同的推动力来自造型艺术。20世纪初，人们对19世纪遗留的危机做出的反应是一系列的先锋派运动：1905年在德国形成了表现主义，立体主义于1905年至1910年在法国形成，1909年在意大利有未来主义，1913年在俄国诞生了构成主义以及稍后的至上主义，1917年荷兰出现了新造型主义，同一年在瑞士诞生了达达主义，1919年在法国出现了超现实主义。

新建筑的美学主要起源于立体主义、未来主义、构成主义和新造型主义。建筑在形式上之所以能以这些思潮作为基础，也应当归功于新的建筑材料。钢筋混凝土非常适合于创造简洁的几何造型，可以化为相互渗透的空间体量、独立穿插的墙面及独特的直线形悬臂构件。同时，新的建筑语言在三方面遵循了经济学的基本原理。

1. 对存在着的大量的住宅问题和社会财富的平等分配的政治要求来说，崇尚浮华的设计被认为是一种浪费，这就意味着要求使用一种简洁、明快、节俭的形式语言（社会经济原理）。

2. 钢材和钢筋混凝土的使用可以使建筑的承重构件减少到以点和面来承重，而剩余部分则仅仅用来围合空间。因此，自由布局的空间得以取代在砖石建筑中所必需的自承重的方整结构。通过减少某些建筑构件来创造空间（结构经济原理）。

3. 以热衷装饰和美化主观世界著称的新艺术运动已经走到了尽头，这一事实使人们开始崇尚一种干净到几乎是禁欲主义的形式，以体现普遍的适用性和客观性。简朴的形式成为艺术家追求的目标（形式经济原理）。

这些准则，同H. P.贝尔拉格（Hendrik Petrus Berlage）、A. 梅塞尔（Alfred Messel）和O. 瓦格纳（Otto Wagner）已经提炼出来的历史主义相关联，他们倡导的是新古典主义走向禁欲主义的变种，首先影响了法国建筑。P. 加代（Paul Guadet）和A. 佩雷（August Perret）将钢筋混凝土的结构性能用在框架结构上。T. 加尼耶（Tony Garnier）深入研究了钢筋混凝土结构古典式立体主义造型的可能性。H. 绍瓦热（Henri Sauvage）设计出了阶梯状公寓楼，成为一种新的建筑类型。R. 马亚尔（Robert Maillart）和E. 弗雷西内（Eugène Freyssinet）等工程师则发展了一种充满动感的结构形式语言，这种形式语言大胆地表现了钢筋混凝土材料的静态能力。但是，最重要的发明恐怕是年轻的勒·柯布西耶（Le Corbusier）在1914年的作品多米诺住宅：他将房屋结构变成柱子和楼板，使之成为钢筋混凝土和钢框架建筑的原型，这种艺术风格在20世纪以无可比拟的优势风靡了整个地中海地区。

在意大利，由G. M. 特鲁科（Giacomo Matté Trucco）于1928年设计建造的都灵菲亚特汽车厂代表了新建筑技术的典范。菲亚特汽车厂在屋顶上设置了试车场的设计既真实而又隐喻了建筑师对新技术——工业可能性的崇拜。而未来主义作为一种新的机器美学的代言人于1914

年亮相。A. 圣艾利亚（Antonio Sant'Elia）、M. 基阿托内（Mario Chiattone）和V. 马尔基（Virgilio Marchi）的未来主义建筑绘画，表现了不受现实世界的束缚，对未来城市的设想。

极端革新的勇气：经典现代派的理性主义

20世纪20年代是社会政治发生广泛而又深远变革的年代。从这个时代目睹了资本主义的强大，大公司集团与国家政权为了共同的经济利益而联合起来。政治上的帝国主义者，如法国和意大利控制了北非。1914年至1918年的第一次世界大战，各势力为了瓜分利益，不仅欧洲，而且南、北美洲以及非洲、亚洲的一部分都卷入了战争。这些地区在战争期间和战后立即发生了内部政治变革，在1917年俄国的十月革命时达到了顶峰。战后的经济危机使政治矛盾更为激化，所有以上因素造成了世界范围的动荡。

其中矛盾的焦点依然是严重的住房问题。自18世纪至19世纪的人口爆炸以及随着工业革命带来的中欧、北欧和地中海地区从农村到城市的大规模移民，导致住房短缺的问题日益尖锐。雪上加霜的是，建筑成本的不断上涨以及高额的资本费用也严重限制了建筑业的发展，这种状况直到20世纪20年代才有所好转。

在以上种种因素的巨大压力下，人们开始尝试将工业化生产技术运用到建筑上来。随着技术成就的广泛推广，出现了大量“新式房屋”的模式：一方面，轮船、飞机、汽车的所有部件符合用户的实际需要，另一方面也适应批量生产。在人们开始适应建造过程中的预制、装配和批量生产时，建筑业迈出的第一步是用机器生产建筑的钢结构构件及钢筋混凝土构件。

萌芽于第一次世界大战前的理性主义运动，在20年代至30年代繁荣并成熟，以至于其可以被称为经典，这样理解并非只是一种隐喻。从许多知名的建筑师可追溯到古典主义的规则，例如画家毕加索（Pablo Picasso）或C. 卡拉（Carlo Carrà），他们在这个时期调整了自己的先锋派风格，而崇尚古典范式的和谐，并致力于比例的原则，就像勒·柯布西耶与模数的关系。勒·柯布西耶是一个惯于打破成规的法国人，他在1918年和A. 奥赞方（Amédée Ozenfant）放弃了立体主义并宣告转向纯粹主义。他在20年代设计建造的建筑，如普瓦西的萨伏伊别墅（1931年建成），不仅是经典现代主义的完美典范，而且以其立体派造型和耀眼的白色赞颂了地中海建筑的抽象意念。

转向这个方向的另一位活跃人物是R. M.–史蒂文斯（Robert Mallet–Stevens），他的巴黎马利特–史蒂文斯路别墅（1926—1927年）代表了抽象先锋主义的城市建筑风格，还有M. R.–施皮茨（Michel Roux–Spitz），他在巴黎的林荫大道上建造了一系列优雅的新客观主义风格的公寓。在1928年举行的国际现代建筑大会上，理性主义有了自己的组织并在世界范围内广为传播。在法国，建筑师E. 博杜安（Eugène Beaudouin)、P. 夏洛（Pierre Chareau）、M. 洛兹（Marcel Lods）和A. 吕尔萨（André Lurçat）也加入了激进的改革派的行列。同时，J. 普鲁韦（Jean Prouvé）对金属结构的研究也具有一个特殊的地位。

在意大利，1926年七人集团的建立为理性主义打下了根基。在这个文化环境中，L. 菲吉尼（Luigi Figini）、G. 波利尼（Gino Pollini）、A. 利贝拉（Adalberto Libera）和G. 泰拉尼（Giuseppe Terragni）的作品以其形式上的一贯性成为杰出的代表。泰拉尼在科莫的建筑，如法西奥宫（1932—1936年），集中体现了意大利理性主义流派的风格。1930年，意大利理性建筑运动（M.I.A.R.）由七人集团发起，包括了L. 巴尔代萨里（Luciano Baldessari）、M. 里多尔菲（Mario Ridolfi）和A. 萨尔托里斯（Alberto Sartoris）等建筑师。BBPR事务所［G. L. 班菲（Gian Luigi Banfi）、L. B. 迪·贝尔吉约索（Lodovico Barbiano di Belgiojoso）、E. 佩雷苏蒂（Enrico Peresutti）及E. N. 罗杰斯（Ernesto Nathan Rogers）］、I. 加尔代拉（Ignazio Gardella）和G. 米凯卢奇（Giovanni Michelucci）都属于意大利年轻一代理性主义建筑师。另外，极富创造力的工程师P. L. 奈尔维（Pier Luigi Nervi）的作品也和理性主义有紧密的关系，尽管他的作品越来越多地体现了表现主义的特征。而未来主义则以F. 代佩罗（Fortunato Depero）和E. 普兰波利尼（Enrico Prampolini）作品的先锋派形式得到延续。

在西班牙，现代主义的代表人物是G. 梅尔卡达尔（Garcia Mercadal）、J. L. 塞特（Josep Lluis Sert）和由他在1930年组建的“加泰罗尼亚建筑师和技术人员当代建筑进步集团”（GATEPAC）。1932年马西亚（Macià）的巴塞罗那规划以高层建筑及功能分区成为西班牙现代主义的高潮。作为钢筋混凝土结构的大胆的实验家，建筑师E. 托罗哈（Eduardo Torroja）以其修长轻盈的悬挑屋盖脱颖而出。在欧洲地中海地区值得一提的还有希腊的D. 皮基奥尼斯（Dimitris Pikionis）的早期作品，它们表现了30年代朴素的客观主义风格。

在北非，法国建筑师推动了理性主义的广泛传播。在摩洛哥，通过强制的手段实现了理性主义，巴黎美术学院毕业生H. 普罗斯特（Henri Prost）从1914年起为摩洛哥的主要城市编制发展规划。尤其是在快速发展的港口城市卡萨布兰卡，从20年代后期起出现了新客观主义的住宅和商店，显示出一个现代大都市的风貌。建筑师是M. 布瓦耶（Marius Boyer）、E. 布里翁（Edmond Brion）、M. 德梅（Marcel Desmet）、L. 弗勒朗（Louis Fleurant）和P. 雅班（Pierre Jabin）。在阿尔及尔和突尼斯城，这一时期也出现了不少法国风格的建筑。

理性主义运动在城市建筑方面的理想在一些大城市边缘的大量房产中得到体现，再度提倡19世纪改革主义的卫生原则，追求"光线、空气和阳光"，同时提出了兼有创造性和灵活性的关于大众住宅的设想。相应的城市化理论则主要是居住、工作、休闲和交通的功能分区，在国际现代建筑师协会（CIAM）于1933年举行的第四次大会上得到总结，并由勒·柯布西耶命名为《雅典宪章》，于1944年发表。

在地中海国家，现代主义运动在20年代至30年代取得了第一批成果。这一迟到的收获成为抽象论争的一种缓冲。现代主义的功能大纲，形式语言与典型的地中海建筑的相似，克服了与传统之间不可逾越的鸿沟。甚至极端先锋派的代表人物如勒·柯布西耶也引用了这一传统，从而形成了一种“温和的现代主义”，它不完全服从于先锋派的机器美学。正是由于它那非教条的开放性，出现了许多可供选择的，甚至在某种程度上是高度个性化的通向新时期建筑的其他道路。

复杂的多样性创新：“20世纪米兰人集团”、装饰艺术派和传统主义

尽管理性主义具有国际影响，在理论上也有成就，理性主义只是20年代至30年代建筑界的种种潮流中的一个部分，它最为主要的对手是那些致力于革新建筑艺术，而又不想彻底背离传统的建筑师所创造的。他们的主要观点具有以下五种基本特征。

1. 同理性主义反对历史传统并努力创造一种国际性的形式语言相反，致力于吸收传统经验并保持民族特征。

2. 从历史主义解放出来的建筑艺术的更新必须以手工艺为基础。人们模糊地预感到现代技术那股冷酷而又强大的势力，将会威胁并破坏美好、舒适和温馨的生活。

3. 尊重场所关系，这也包括建筑应和与之相适应的基地、传统的房屋与景观相和谐。

4. 传统建筑与新建筑相反，建筑设计有不同的等级：办公建筑比住房重要，住房比实用建筑重要。相应地，办公建筑必须有一种很发达的形式语言，服从于古典主义的原则要素。住房的形式则要更简洁，但是要求很高的品质和形式语言。而对于实用建筑则应尽可能地

简洁，以实用为主。最后，建筑材料也按照不同的需求来决定：建造高档的建筑使用贵重的材质，如建筑石材或大理石，住宅建筑使用砖和木材，而混凝土被认为是“粗劣”的材料，适用于建造工业建筑。

5. 摒弃后历史主义过分烦琐的装饰以及理性主义的无装饰风格，在形式语言上进行了严格的简化并保留其精粹。

地中海地区持这种改革态度的具有代表性的建筑师是，在米兰发端的意大利“20世纪米兰人集团”。早在1919年至1922年，G. 穆奇奥（Giovanni Muzio）设计的米兰布卢达宫就形成理性主义运动的早期标志。穆奇奥将这种非正统的布局与帕拉第奥主题相结合，并应用于上层阶级的城市住房上，被看作可以接受的标准。“20世纪米兰人集团”的范围很广，包括了从穆奇奥简化的帕拉第奥主义到G. 扎尼尼（Gigiotti Zanini）的几何复古主义。介乎二者之间的有充满激情表达新技术的实验者A. A. 诺韦洛（Alberto Alpago Novello）的作品；A. 安德烈亚尼（Aldo Andreani），他以浪漫的方式来诠释折中主义；G. 德·菲内蒂（Giuseppe de Finetti），他追随A. 路斯（Adolf Loos），将古典主义和理性敏锐地结合在一起；G. 格雷皮（Giovanni Greppi）将J. 霍夫曼（Josef Hoffmann）的理论介绍到米兰；G. 蓬蒂（Gio Ponti）的折中主义与先锋派理性主义相混合；最后还有P. 波尔塔卢皮（Piero Portaluppi），他是一位才华横溢，受过正统教育的建筑师，他的风格多样，从晚期表现主义到构成主义都有。他们对城市的理想受到G. 德基里科（Giorgio de Chirico）形而上绘画的启示，创造出“米兰的城市形态”的大城市的构想，13位“20世纪米兰人集团”的建筑师参加了1927年米兰城市发展规划竞赛，在这方面做出了贡献。

在邻近的斯洛文尼亚，J. 普列茨尼克（Josep Plecnik）同样致力于类似的创造，从古典主义建筑要素中分离，从而形成一种新的象征。普列茨尼克在设计中对卢布尔雅那城市结构的领悟表明了他对文脉和传统的独特观点：尽管他的建筑和纪念碑与现实的城市很和谐，同时又以其精练形式赋予城市一种新的面貌和内涵。

但是，理性主义的“异端”也从相反的方向表现了理性主义：其中最引人注目的是装饰艺术风格，首先出现在1925年巴黎的国际艺术装饰和现代工业展览会上，成为传统和先锋派在商业上的媒介。将立体主义和新客观主义的几何形加上装饰，并以此来证明建筑的实用性。这种风格不仅在新大陆，同样在殖民地国家得到广泛的传播，并作为在各种文脉中都能够接受的一种表现新时代的风格。这种风格广泛用在新的建筑类型诸如电影院上，为开罗、突尼斯、阿尔及尔和卡萨布兰卡正处于上升阶段的中产阶级服务。

在地中海南部的殖民地区，地区传统主义塑造了自身的形式。对欧洲建筑师来说，这里的气候、文化条件都是陌生的，从而导致了与当地传统的结合。以A. 拉普拉德斯（Albert Laprades）的作品为例，拉普拉德斯早在1917年就在为摩洛哥居民设计的居住区中，理性化而又艺术地使当地的建筑形式得到发展。回到巴黎后，他将海外的古典主义传统转化为装饰立体几何主义，

1931年他和L. 若瑟利（Leon Jaussely）及L. 巴赞（Leon Bazin）建造的殖民地博物馆就是这方面的实例。而在意大利统治下的利比亚正相反，诺韦洛和F. 迪·福斯托（Florestano Di Fausto）的“20世纪米兰人集团”风格的办公建筑占据了主导地位。

呼唤秩序：纪念性的新古典主义

和平时期政治的发展动摇了建筑的发展，在30年代遍及整个欧洲的极端化过程中，极权民族主义在不同的程度上成功地获取了政权。普遍的经济危机使局势得到缓和，并使它们深深扎下了根基。

在意大利，1922年B. 墨索里尼（Benito Mussolini）进军罗马后当政，1928年法西斯议员参与制定意大利宪法并解散议会。在西班牙，J. A. P. 德里韦拉（Jose Antonio Primo de Rivera）建立了法西斯长枪党并于1923年成为军政府的领袖。在1936年至1939年人民阵线政府与希特勒、墨索里尼扶持的保守力量佛朗哥（Francisco Franco）将军之间的内战之后，建立了极权政府。在南斯拉夫，亚历山大国王在一次事变之后于1929年成立了一个军事独裁政府。葡萄牙由官僚A. 萨拉查（António Salazar）于1932年建立了一个靠军队和大地主支持的政权，而梅塔赫斯（Metaxas）将军则于1936年统治了希腊。

在这动荡的年代里，技术的进步与建筑业几乎无缘。从1929年起，在世界范围的经济危机和高失业率中，人们并不需要自动化和理性化：重要的是在制造业中应用劳动密集型的生产方式，以使尽可能多的人就职。对此，传统的建筑方法显然很合适。此后在30年代中期，出现了经济高速增长的时期，但由于已经十分激化的政治局势注重发展军备而非建筑。1939年的第二次世界大战在很大程度上阻碍了建筑业的发展。

在法西斯的意大利首先发生了一次表面上是文化上的，本质却是思想上的革命。事实上只是对机会主义选择的过去的一次匆忙回顾。所谓社会的“新形式”的生命力是用保守的风格要素来表现的。在世纪交替后进步思想的发展中，萌生了艺术先锋派，他们宣告，用独裁来代替议会民主是过时和退化的。文化生产与进步的意识形态、社会及技术发展分离，并成为统治者服务的工具。在学院主义沸沸扬扬地上升发展时，由目的明确的大众宣传和20年代的各种“主义”所引发的“文化的衰败”最终导致了公开焚烧书籍。

对独裁统治来说，利用德高望重的人士的影响力来帮助实现自己的意志是必要的，因而他们偏爱新古典主义传统。这个传统自欧洲文艺复兴和18世纪以来在美国及其他非欧洲国家不仅没有中断，反而在某种程度上成为占统治地位的思想流派。这种选择的逻辑推理是：追溯历史上的“合法的”统治政权结构的建筑表现形式将使现存的极权政治找到依据。与历史上的英雄人物的联系以建筑的形式来实现，实际上，无法从科学上论证，也不存在这种联想。在法西斯统治下的罗马，一些大型的考古开掘的墓穴表现了和古典传统的紧密关系。

类似的例子不再是哥特式的大教堂以及独立的手工匠师富于创造性的贡献，而是古希腊、罗马的神殿，文艺复兴时期的府邸，巴洛克式的宫殿及帝国时代的新古典主义建筑，即服从于形式意志的建筑作品。古典主义的柱式、雄伟的台阶、装饰性檐口线脚在现代建筑运动的功能主义的禁欲风潮之后重新出现。贵重的材质如钙华和大理石被覆盖在“不够庄重”的钢筋混凝土承重结构之上。轴线、对称布局和序列决定了建筑的形式语言。建筑夸张到纪念碑式的比例，超大尺度的建筑手段是为了表现一个成问题的“社会”的权力。

在意大利，M. 皮亚琴蒂尼以他在罗马地区雄伟的建筑如大学城（1932—1935年）、康奇里阿羌奈大街（1934—1950年）以及罗马新城（1936—1943年）首先为法西斯政权建造了巨大的纪念性的立面。但在这种建筑项目中不仅仅是沉重的新古典主义起决定性作用，在主要的建筑工程中，始终有一批坚持理性主义方向的建筑师参与工作，如保守主义建筑师G. 乔瓦诺尼（Gustavo Giovannoni）、A. 布拉西尼（Armando Brasini）、A. 弗斯基尼（Arnaldo Foschini）和B. E. 拉帕杜拉（Bruno Ernesto La Padula）等。

在伊比利亚半岛上，独裁政权的官方建筑师们接受了更多的民族特征。佛朗哥的住宅区项目有鲜明的西班牙乡村风格，而同一时期葡萄牙的“葡萄牙屋”——1929年出现的劳尔·利诺（Raul Lino）的大型建筑群的名称与此相同，也被宣称为样板。在希腊，必然以古典主义作为正统的风格，如L. 博尼（Leonidas Boni）和V. 卡桑德拉（Vassilis Kassandra）于1927年至1938年在雅典建造的军事行政大楼或K. 帕帕达基（Kostas Papadaki）于1930年至1938年建造的雅典希腊银行。

当然，新古典主义并不完全是这个时代独裁统治的标签，同一时期在资本主义民主国家如法国，也大量推行新古典主义，而且来势更迅猛。在巴黎1937年的世界博览会上，A. 奥贝尔（André Aubert）、达斯蒂格（M. Dastugue）、东代尔（J. –C. Dondel）和维亚尔（P. Viard）设计的现代艺术博物馆以及L. 阿泽马（Leon Azema）、L. 布瓦洛（Louis Boileau）和J. 卡吕（Jacques Carlu）设计的沙约宫满足了中产阶级形式上的要求。A. 佩雷的新鲜时髦的新古典主义建筑与此更是结合得天衣无缝。新古典主义建筑风格不仅与极权政府有关，同样也拥有自身的文化传统。

朴素的典范和理想世界的神话：地域主义

“二战”结束后，欧洲经济衰竭，建筑物的受破坏程度远比第一次世界大战严重得多。经受这场浩劫之后，复苏经济似乎很遥远。此外，尽管人们希望有一个和平共处的世界，但是，即使1945年纳粹德国和它的法西斯同盟被打败，国际冲突也绝不会因此而消失。“二战”后爆发的中国国内第三次革命战争、第一次越南战争和印度尼西亚独立战争都是矛盾冲突的反映。连战胜国联盟也很快就宣告解体并转化为持续至1989年的东西方对立，其间甚至上升为冷战。

对技术进步的怀疑在广泛流传。如同在1918年，在政治与智力的方程式中，战争的暴行与使之成为现实的科学技术相提并论。在文化领域，也出现了社会现实中的倒退，从国际一体化转向地方主义的假想世界。一种伪浪漫的、对地方传统的狂热成为诸多大型的国际先锋运动中的选择。

建筑也面临着选择，它或者直接重复自己的历史，逼真地模仿历史上的状况，就像华沙的重建，或者至少间接地遵循当地的建筑传统。根据这些准则一种主张传统与朴素的建筑运动得到推广。其主要特征如下。

1. 建筑物必须仔细地与环境协调，设计与场所精神紧密结合。

2. 尺度必须能够驾驭，考虑“人的尺度”；大型建筑物应当化解以避免纪念性。

3. 应用天然的建筑材料：砖、石头、木材；一般不采纳“高贵的”和“人工的”材料，例如钢、铬、大理石和大面积的玻璃。

4. 建造方式和结构细部表现手工艺传统，原则否定工业化生产。

5. 形式语言植根于地域传统或者加强其表现力。为了让人感受和理解，反对一切抽象。

这种趋势在世界范围内传播开来，以受A. 葛兰西（Antonio Gramsci）的意识形态影响的意大利新现实派为先导。法西斯垮台后，这种新现实主义风格可以在R. 古图索（Renato Guttuso）的绘画、A. 莫拉维亚（Alberto Moravia）的小说和R. 罗塞利尼（Roberto Rossellini）导演的电影里找到，并由L. 夸罗尼（Ludovico Quaroni）、M. 里多尔菲（Mario Ridolfi）和M. 菲奥伦蒂诺（Mario Fiorentino)移植到建筑上。他们“大众的”罗马提布尔蒂诺住宅区（1949—1954年）极具示范性，令人回想起乡村建筑。另外值得一提的是地域主义时期的建筑师I.

格拉代拉和BBPR事务所的浪漫地表现文脉的建筑。

与此同时，在佛朗哥统治下的西班牙，建筑师A. 德・拉・索塔（Francos Alejandro de la Sota）和J. L. 费尔南德斯（José Luis Fernandez）则致力于如画般的建筑，形成一种逃避现实的风格，他们在居住区建设的理念是“典型的地域特色”。在城市建筑方面，巴塞罗那的A. 科德尔赫（José Antonio Coderch）、J. 马托雷利（Josep Martorell）和O. 博伊加斯（Oriol Bohigas）早期设计的公寓楼也具有同样的性质。在葡萄牙F. 图拉（Fernando Tvora）的作品也很突出。

在法国，有地方特色的地域主义却具有纪念性。F. 普永（Fernand Pouillon）的城市住宅区，例如在阿尔及尔（1953—1957年）和巴黎郊区的居民区（1955—1964年），一方面追求古典理性主义的秩序井然，另一方面又用天然的石头砌筑墙体，与地方性有着浓厚的关系。与此相反的是，摩洛哥的居住区建筑显示出了浓郁的地域主义特色，例如40年代卡萨布兰卡附近的阿恩・科克小区。

在埃及，H. 法赛的作品表现了传统的结构方式和建筑形式。自1948年以来，他致力于巴里斯新城的建设，用土筑结构和传统的筒拱。他在设计中探索与居民合作，把地域主义理解为一种与埃及的文化、经济和生态环境协调的建筑方式。

D. 皮基奥尼斯设计了雅典的卫城和雅典卫城与菲洛帕普斯山景观（1951—1958年），雅典在希腊的襁褓时期创造了简朴的地域建筑，被看作对古典主义挑战的回应。皮基奥尼斯用木料、砖瓦和石料创造出魔术般具有剪贴艺术效果的组合体，有点像业余爱好者的手工制作，谦卑中隐含着夸张。A. 康斯坦蒂尼迪斯（Aris Konstantinidis）设计的建筑严谨有余，取材意识则不足，作品多数是嵌在美丽景色中的度假别墅和旅馆。

对无限制增长的颂扬："新新客观主义"和"新表现主义"

其间，欧洲的经济状况变化的比人们预想的要快得多。1947年，通过了马歇尔计划，成为反共的杜鲁门主义的一个组成部分，这是美国在经济上帮助重建西欧经济的计划。由于1948年的货币改革，经济走上了有利的发展道路，自1954年以来通过不同的"经济奇迹"，使经济发展达到顶峰，从而引发了建筑的高速发展。

极权主义遭受打击之后，1945年出现的政治上的民主化并没有延伸到工业领域。经济力量在战后的高速运转中得到增强，出现了垄断资本主义。追求最大利润的法则也适用于建筑业。在不懈努力尽可能争取高效率使自身更具有竞争力的过程中，政治、社会和建筑的重建在很大程度上失去了机遇。

技术导致了普遍的进步，一个强有力的、高度自动化的工业可以提供高品质的、大量的廉价商品，甚至技术上普遍落后的建筑业也开始利用这些成果来提高生产效率。

在第二次世界大战前夕的民族主义潮流及其后地域主义对识别性的追求之后，文化领域出现了开放局面。造型艺术界的许多代表人物延续了两次世界大战之间的欧洲先锋派运动的特色，作为对抽象表现主义的反应，继续探索几何抽象的表现风格。J. 阿尔贝塞（Josef Alberse）和V. 瓦萨雷利（Victor Vasarely）在30年代中期创作的绘画引起了人们对几何平面内的运动做纯视觉上的分析。因而在1950年前后出现了光效应艺术，并很快演变成一个国际性的潮流。它对建筑的影响与其他各种影响共同发挥了作用，首先巨大的生产压力及模数化结构体系的引入使建筑师面临新的问题。传统的设计方式和现场工程管理已不能满足庞大的工程及其复杂性的要求：个体的设计者被团队或建筑公司所取代，应用科学及工业工程系统学的方法也在建筑上得到应用。所有这些因素一方面提高了建筑生产的效率，有时甚至可以和工业生产的效率媲美；另一方面，从整体上看，建筑的成果已经摆脱了个人的局限性。

在20年代至30年代理性主义的急切复兴中形成了意识形态上的空白，而这或多或少地表现了时代的信仰。建筑形式也反映了这种信条：高耸而细长的塔状建筑象征着对经济增长和技术进步的无限信心；全空调建筑用钢和玻璃覆盖着的平滑时髦的幕墙立面表达了拥有无限能源的思想；自由、灵活的平面布置包括开敞的空间、可移动的墙，表现了对组织、动力、成就和通信的重要性的信仰，而这是与朴素的民主主义思想分不开的。完美的玻璃制成的幽灵，以路德维希·密斯·凡·德·罗（Ludwig Mies van der Rohe）的战后美国式建筑为典范，雨后春笋般从地里冒出来，开始将巴黎和米兰改造得像芝加哥、纽约或东京、里约热内卢等城市的面貌，并给国际风格的概念加上消极的异味，这些都成为经济状况的确切证据。

法国和北非殖民地战后理性主义的最重要的具体代表人物有E. 阿约（Emile Aillaud）、M. 埃科沙尔（Michel Ecochard）、勒·柯布西耶、J. 普鲁韦、B. 泽尔菲斯（Bernard Zehrfuss）、G. 康迪利斯（Georges Candilis）、A. 若西克（Alexis Josic）和S. 伍兹（Shadrach Woods）。在意大利则有F. 阿尔比尼（Franco Albini)、L. 科森扎（Luigi Cosenza）、G. 德·卡洛（Giancarlo De Carlo）、V. 格雷戈蒂（Vittorio Gregotti）、A. 曼加罗蒂（Angelo Mangiarotti）及G. 瓦莱（Gino Valle）。西班牙除J. M. 索斯特勒斯（Josep Maria Sostres）、A. 德·拉·索塔之外，还有J. A. 科拉莱斯（Jose Antonio Corrales）、G. 吉尔德兹（Guillermo Girldez）、P. 卢佩兹（Pedro Lupez）和X. 苏比阿斯（Xavier Subias）等都应当提及。在希腊，则有K. 佐克西亚季斯（Konstandin Doxiadis)、J. 色纳基斯（Jannis Xenakis）和T. 泽内托斯（Takis Zenetos）。

功能主义的“新新客观主义”建筑派的先驱中有不少在50年代末改变了自己的风格而走向手法主义，注重雕塑感，喜好实验。事实上，这种形式语言所具有的空洞的中立主义十分敏感地变换时髦的样式和各种奇想；没有要表达的内容，建筑风格显得贫乏。故意表现出来的简朴却蜕化为没有意识到的乏味。在很大程度上，以一种浮华的风格所产生的新的形式主义来代替原有的形式主义。建筑师尝试用表面多样的形式来掩饰内容的单调，但透过建筑的外部表象，单调性依然无所改变：同样的意识形态上的平庸、对社会经济状况的同样的隐喻、同样的高技术生产和运作条件、在某种程度甚至是同样的空间布局，只是在表面上做了不同的包装和展示而已。

与之相同，一种新的表现主义潮流开始繁荣发展：部分以模糊的人类需要为依据，它主要扎根于以艺术手段反映个人在自我表现上的自由，伴随着神秘主义和来自远东的宗教教义。经历过法西斯纳粹的军事动员之后，可以理解那种对集体主义的怀疑以及嬉皮士运动追求个人的满足、自我解放和自我实现的不信任态度，艺术型建筑师的理想也重新抬头。

说到雕塑型的艺术性建筑，首先是由G. 米凯卢奇（Giovanni Michelucci）在教堂建筑中创造的。这类建筑有不少是从艺术思想的根本转变而获得灵感的，如勒·柯布西耶于1955年设计的朗香教堂。同时，与之平行发展的还有在意大利崛起的反对国际式风格的大论战，发起人有E. N. 罗杰斯。它延续了新现实主义的实验，并汇入有争议的新自由派的插曲。人们深入讨论了R. 加贝蒂（Roberto Gabetti）和A. 迪索拉（Aimaro d'Isola）于1953年至1956年设计的都灵伊拉斯莫公寓。另外的建筑师，如C. 斯卡尔帕（Carlo Scarpa）和G. 萨蒙那（Giuseppe Samonà），继F. L.赖特（Frank Lloyd Wright）之后，创造性地寻求形式语言的创新。

很有代表性的表现主义潮流一直延续到70年代，试图寻求肤浅而又戏剧性的时尚建筑的思潮还在60年代中期就已穷途末路。建筑的实用性只呈现在一种极富表现力的国际风格中，这种风格以完美的细节和绚丽的效果来肯定职业化。

希望的尽头和对本质充满矛盾的探索：理性建筑、后现代派及新简约派

新兴的一代建筑师反对主流派的呼声在50年代中期日益高涨，并于1956年国际现代建筑师协会与十人小组（Team X）在杜布罗尼克的分裂而引起国际现代建筑师协会于危机中响亮地喊出了自己的声音。战后建筑的根本变化发生在60年代至70年代，与政治、经济、技术及文化的发展联系密切。

1945年以后在美国和欧洲经济的快速崛起不可能不存在问题，工业国家尽管在社会生产总值上有巨大的增长，消费社会表现出前所未有的繁荣，但是这种生产过剩的表象却建立在摇摇欲坠的政治基础之上。

紧张的关系和不同的政治制度导致了必然的后果：从1954年开始的越南战争在美国、苏联的支持下成为大规模的公开冲突，一直延续到1973年。1966年美国黑人在马丁·路德·金（Martin Luther King）的领导下争取平等权利的非暴力斗争转变成为血腥的恐怖事件，这同样是血腥的战斗。1968年在捷克斯洛伐克争取自由的运动“布拉格之春”被华沙条约组织派军队进行了镇压。70年代初在整个欧洲出现了恐怖主义。受欧洲控制的北非国家为了摆脱殖民统治兴起了轰轰烈烈的反殖民斗争，往往也演变成一场战争，利比亚于1951年，摩洛哥、突尼斯于1956年，阿尔及利亚于1962年终于得到了独立。

随着政治的分裂，与此相关的经济方面的新问题也逐渐浮现出来。同时，人口和生产的增长在工业化的

二百年间同地球上能源的无休止的劫掠和环境污染联系在一起。当D. 梅多斯（Dennis L. Meadows）在1972年发表了论文《增长的极限》，以及生态危机的灾难先兆的出现，迫使十年前就盲目乐观地相信增长无极限的公众面对如下现实：地球这个星球是有极限的，人类赖以生存的许多原料是不可再生的；环境一旦被污染，必然招致大自然的惩罚；人类只有争取使缺乏控制的人口增长和技术膨胀达到总体的生态平衡才能最终继续生存下去。1973年至1974年阿拉伯产油国引发的国际原油能源危机不仅仅是第三世界国家觉醒的表现，同样是危机来临的第一个确凿的信号，它对世界经济的负面影响是巨大的。

在此期间，技术首先在电子领域取得了巨大进步。由于电子工程的积极作用，空间技术开始获得成功：1957年，第一颗人造卫星发射上天并进入地球轨道；1960年第一次将人送上太空；1969年美国宇航员阿姆斯特朗（Neil Armstrong）首先在月球上登陆。产生这些成就的综合技术吸引了建筑师们，并为建筑师将房屋作为机器重新加以考虑提供了出发点。同时，最早的对建筑工业化的浪漫主义的热情，正如它在20年代产生的巨大影响那样，面对着战后重建的失误产生了怀疑。

在美学主义和通俗主义之间的狭窄边界上，造型艺术接受了来自思想和社会上的挑战。它摒弃抽象表现主义纯粹形式化的目的，并对抽象表现主义冲动的行为画派产生反应。60年代初在美国出现了“波普”艺术，波普艺术的艺术创作题材来自“市场化”的日常生活：消费层和大众工艺化的画作和物品出现在J. 约翰斯（Jasoer Johns）的代表作品及R. 劳申堡（Robert Rauschenberg）的联合体里。同时还有C. 奥尔登伯格（Claes Oldenburg），他首次安排了一系列多媒体事件；R. 利希滕斯坦（Roy Lichtenstein）通过巨大的连环漫画反映了社会的非个人主义化特征；以及A. 沃霍尔（Andy Warhol），他仿造了墙上美女、坎贝尔的肥皂罐、玛丽莲·梦露（Marilyn Monroes）和同性恋，并且用机械来加以复制。在英国，与独立小组有关，出现了一股自由的思潮，如R. 汉密尔顿（Richard Hamilton）、P. 布拉克（Peter Blake）和E. 保罗齐（Eduardo Paolozzi）。

波普艺术是盎格鲁-撒克逊的社会现象，但也迅速传播到其他国家。它的社会批判主义的接班人在确定目标时与新现实主义有一部分重叠。这种潮流是为了对其进行讽刺和批判而将现实冷凝起来，并汇集了不同的人物：C. 雅瓦舍夫（Christo Javacheff），他将客观事物、建筑和风景用巨大的塑料薄膜包装起来，为了使人们意识到它们的美学品质及神秘感；G. 里希特（Gerhard Richter）的绘画摄影就像用放大镜毫不留情地对现实加以分析。

60年代中期，概念艺术有所发展，它继续了20年代M. 杜尚（Marcel Duchamp）的实验，声明技术、知识实验也是艺术工作，有时甚至尝试作为纯粹的意识结构而完全放弃创造过程中材料的实现。在致力于通过艺术活动来展示社会变化的脉搏的过程中，出现了多种艺术分支：街道艺术、地景艺术和行为艺术。

建筑对政治、经济、技术和文化的多种多样的推动也同样表现出多样性和矛盾性。尽管有各不相同的分歧争论，但仍可以找出三种理论根基，它们是“危机时代”之后建筑创新的基础。

1. 符号学，即语言和世界符号的学说，由C. S. 皮尔斯（Charles S. Pierce）于1931年至1935年建立，自70年代起由不同理论家引入建筑领域。它与结构、功能和社会方面相辅相成，使建筑的形式意义成为注意的焦点。其结果是克服了正统的功能主义方法，而有利于不同的复杂的建筑表达形式。

2. 在有意识的禁欲主义（它承担了将理性主义同历史因素的引用联系起来的责任）、50年代时髦的清教主义以及60年代的手法派折中主义之后，建筑历史又一次得到重视，人们致力于对历史做更彻底也更客观的研究。

3. 建筑作为独立学科的原则反映在建筑独立性中。在对建筑形式的起源日益感兴趣的同时，以前无一例外被看作贬义词的形式主义重新成为建筑文化讨论的内容。作为表达建筑意图的固有手段的图纸也增加了价值。

面对60年代经济的巨大增长，反应之一是进退失据。对传统的环境监察、环境改造方式的普遍不满情绪导致了国际性的乌托邦，它大部分只是在图纸上解决问题。一方面，个别非专业人士如Y. 弗里德曼（Yona Friedman）和P. 索莱里（Paolo Soleri）和年轻的建筑师小组如超级研究室，成员有A. 纳塔利尼（Adolfo Natalini）、阿基佐姆（Archizoom）和A. 勃兰齐（Andrea Branzi），用他们的攻击性的社会和技术极端主义使建筑文化也带上不满情绪。另一方面，在这种文化中也出现了一种同样激进的对自我原则证明的回忆风格。在意大利，A. 罗西（Aldo Rossi）建立了理性主义建筑风格，它提出了基本的几何形式及一种新的赋予灵感的雄伟的建筑原型。在1966年的著作《城市建筑》中他强调了城市环境中建筑物的权威性。同样，V. 格雷戈蒂七年后在《建筑领域Ⅱ》一书中声明了建筑艺术独立的领域。G. 格拉西在1967年的著作《建筑的逻辑结构》中强调了建筑的固有原则。艺术上历史主义和符号主义方面的强调最终导致了后现代主义。它的引人注目的代表人物如意大利的P. 波尔托盖希（Paolo Portoghesi），通过广泛的舆论宣传活动为后现代主义的推广做出了贡献。1980年威尼斯的第一届建筑艺术国际博览会上“崭新的街道”的外形策划也是其中之一。此外在意大利，还有C. 阿莫尼诺（Carlo Aymonino）、F. 普里尼（Franco Purini）和F. 威内契亚（Francesco Venezia）都是这次涉及面十分广泛的运动的重要代表人物。

在西班牙，后现代主义更多地接受了装饰现代主义的特征，尽管R. 博菲尔（Ricardo Bofill）首先在法国实现了一些古典主义的作品。如80年代巴塞罗那重建市中心时由O. 博伊加斯［与J. 马托雷利、D. 马凯（David Mackay）合作］、H. 皮尼翁（Helio Pinon）和A. V. 贝亚（Albert Viaplana Vea）建造的建筑物。重要的代表还有R. 莫内奥（Jose Rafael Moneo）、L. 克罗代特（Lluis Clotet）、O. 图斯格特（Oscar Tusquets）、S. 塔拉戈（Salvador Tarrago）的PER研究室。更明确地遵循古典现代主义规范的是葡萄牙建筑师如A. 西萨（Alvardo Siza Vieira）和E. S. 德·莫拉（Eduardo Souto de Moura)。而法国建筑师C. 德·鲍赞巴克(Christian de Portzemparc)则表现出对勒·柯布西耶后期作品的追随，尽管有一些值得强调的地理关联性。另外一些建筑师，对他们来说，计划的自然融合尤为重要，有B. 于埃(Bernard Huet)、A. 格兰巴克(Antoine Grumbach)、H. 奇里亚尼(Henri Ciriani)、H. 戈丹(Henri Gaudin)及P. 贝尔热(Patrick Berger)。希腊建筑师P. 库勒尔莫斯(Panos Koulermos)的建筑也属于此类风格。

其间，结构及技术工艺的原则在某种艺术潮流中作为塑造的因素一直富有生命力，这种艺术潮流违背了对地球资源有限及能源危机突发的认知而致力于在建筑中利用先进的工业化带来的可能性，不仅为了更快、更便宜、更好地建造，也为了开辟一种新的形式世界。不同的人士如A. 曼加罗蒂、R. 莫兰迪(Riccardo Morandi)或R. 皮亚诺(Renzo Piano)在这一点上是共同努力的。

面对众多的运动(同样也面临各派别之间激烈的争论)，寻找一个统一的标准显得是徒劳的。60年代至70年代艺术的多样性自身就有着相同的基础：首先是这种沉闷的、令人清醒的悲伤的感觉，都被认为是美的，在一个充满诗意的世界里，只有一种出路，即已提到的、波普艺术走的道路——反复运用内容，以至于正因为如此而有所不足。P. 汉德卡(Peter Handka)1972年在散文《无望的不幸》中更详细地描写了这种情况。我首先从事实出发并寻找对他的表述，然后我发觉，在我寻找表述时就背离了事实。现在我从已经可以引用的表述出发，并对从这些表述中可见的事件加以分类。

今天的地中海国家的建筑事实上是在很困难的边界

条件下发展的。在资本主义国家，如法国、意大利和西班牙的建筑进程的经济化往往导致建筑质量低劣。受欧盟资助的国家如希腊、葡萄牙虽出现了建筑的推动力，却缺乏一种成熟的建筑文化来管理广泛的质量。在巴尔干国家后共产主义、民族主义得到了理性的发展。北非国家则再次与后殖民主义的挑衅进行斗争：它们处于资本主义的发展中，如埃及；处于稳定的君主统治之下，如摩洛哥；面临重要的挑战，如阿尔及利亚及突尼斯；或陷于孤立，如利比亚。与此相应，这里的建造很少转变成为高质量的建筑艺术。

但是在此期间对历史主义、建筑艺术的权威的深入研究取得了丰硕成果。首先是G. 格拉西，而后是R. 莫内奥、A. 西萨及J. N. 巴尔德维齐（Juan Navarro Baldeweg），他们的工作将理性主义的要求改变为不同风格的诗意。这种要求是A. 罗西提出的，并将它巧妙地转化，被其优秀作品证明的缩减美学为很多年轻建筑师继承并得到发扬。各种流派从德·莫拉的禁欲主义到D. 佩罗（Dominique Perrault）的几何纯粹主义，种类繁多。

20世纪及千年末期地中海沿岸国家的建筑艺术近乎共同的实验表现出追求简洁，尽管是不同的程度及通过不同的解释。甚至技术的表现主义，它是R. 皮亚诺在70年代所崇拜的，也让步于高技术、精美的普诵形式。另外还有J. 努韦尔（Jean Nouvel）以及他的丰富多彩的创新，他在每次新的建筑任务中都真正做出创新并且不断地使之极端化（不是为了哗众取宠），他的创新遵守清晰的原则是因为他并不刻意追求。

这种80年代涌现的新思潮解构主义也使追求本质

和升华的潮流不大可能遭受到负面影响。它注定被沉着冷静地接受，正如它的先行者和发起人苏联构成主义在60年代所遭遇的一样。如果说20世纪地中海地区建筑艺术的不同流派有共同结合点的话，那就是这种不动声色的沉着冷静。它扎根于历史的偏见，给每一次真正的革命创新都带来困难，但也保存它以避免最糟的时尚出轨。可能这就是今天在地中海地区形成的建筑艺术和建筑艺术讨论的使命：使受到历史条件限制的思考同早慧及不信任感协调地共同发展，为了使早期革命与生俱来的震撼及在新的千年里会不断增强的震动不至于过分强烈而造成对环境的不可修补的损失，而相反用结构、生产和革命的方式完好地保存环境并继续发展。

评选过程、准则及评论员简介与评语

J. J. 拉韦尔塔
J. 吕甘
M. 德·米凯利斯
Y. 西梅奥弗尔迪斯
A. 沃多皮韦茨

J. J. 拉韦尔塔（Juan Jose Lahuerta）

自1977年起成为建筑师，于1984年获得博士学位并成为西班牙巴塞罗那高等建筑技术学校艺术与建筑史教授，他同时也是迪桑尼·埃利萨瓦学校的教授。除西班牙之外，他还在欧洲（意大利、法国、瑞士、英国）、美洲（美国、墨西哥、乌拉圭）、非洲（阿尔及利亚）积极参与并组织了多次国际学术会议。他还是罗马、威尼斯、米兰、那不勒斯及蒙得维的亚各大学的客座教授。

他在当代艺术与建筑领域有多部著作，如：《1927年，必要的抽象》（*1927, La abstraction necessaria*，巴塞罗那：Anthropos出版社，1989年），《A. 高迪：建筑、意识形态与政治》（*Antoni Gaudi: Arqitectura, ideologia y politica*，米兰：Electa出版社，1992年；巴黎：Gallimard出版社，1992年；马德里：Electa出版社，1993年）。他还曾为多部书作序，如：《J. N. 巴尔德维齐：作品与设计》（*Juan Navarro Baldeweg: Obras y proyectos*，米兰：Electa出版社，1990年，第2版，1996年），《G. 格拉西：

设计、作品与论著》(*Giorgio Grassi: I progetti, le opere e gli scritti*，米兰：Electa出版社，1996年)，《E. 米拉莱斯：作品与设计》(*Enric Miralles: Obras y proyectos*，米兰：Electa出版社，1996年；马德里：Electa出版社，1996年；纽约：The Monacelli Press出版社，1996年)，《L. 巴拉甘：1902—1988》(*Luis Barragan, 1902-1988*，米兰：Electa出版社，1996年；纽约：The Monacelli Press出版社，1997年)等。他还是若干书籍的编辑者，如：《高迪及其时代》(*Gaudi i el seu temps*，巴塞罗那：Barcanova出版社，1990年)，《勒·柯布西耶与西班牙》(*Le Corbusier y España*，巴塞罗那：CCCB出版社，1997年)，以及G. 德基里科和柯布西耶等人的论文集等。

他还与多种建筑期刊合作，如《建筑与城市》(*AU*)、《建筑》(*Arquitectura*)、《卡拉斯》(*Kallas*)、《房屋》(*Domus*)、《国际莲花杂志》(*Lotus International*)、《研究》(*Recerques*)、《实践》(*El Pasante*)等，同时还是《城市经纬》(*Carrer de la Ciutat*，巴塞罗那，1977—1981年)、《艺术期刊》(*Buades: Periodico de Arte*，马德里，1986—1987年)、*3ZU*(巴塞罗那，1993—1995年)等期刊的顾问编辑。

他曾担任巴塞罗那CRC建筑博物馆的负责人(1985—1987年)，与众多博物馆合作举办过展览，如："达利：建筑"展(巴塞罗那，1996年)，"西班牙现代艺术与评论展"(马德里，毕尔巴鄂，1996年)，"M. 米凯利斯：先锋派与政治在巴塞罗那摄影展"(巴伦西亚，巴塞罗那，1998—1999年)等。

评语

即使从20世纪的西班牙建筑中选择100个精品，也远不能覆盖这一时期、这一国家的建筑学大力发展过程中存在的不均衡现象。这是大量优秀作品集中出现的一个时期，其中最典型的是高迪在20世纪早期的创作。接下去有一段时间的创作沉寂，即使用最善意的语言来描述，它也反映了西班牙建筑在这个时期内的衰落，这是由国内、国际的现实所决定的。随着新时期的到来，在全世界建筑学派百花纷呈的发展中，西班牙建筑成了一个重要的组成部分。然而，有必要分清这些主流的各学派建筑与那些地域性的、原创性的加泰罗尼亚现代主义建筑。

在提名时，任务要求我们选择的数量均匀地分布在各个时期，这不可避免地导致了选择结果在建筑品质上的不平衡，也不可避免地增加了我们在选择过程中的遗憾。

J.吕甘（Jacques Lucan）

建筑师，建筑评论家，生于1947年。曾任瑞士洛桑联邦高等理工大学及马恩纳-拉瓦莱-巴黎“城市与大区”建筑大学教授，1978年至1988年，任巴黎*AMC*主编。

他曾与下列期刊进行过合作：《国际莲花杂志》（*Lotus International*，米兰，编委会成员），《题材》（*Matieres*，洛桑，编委会成员），《建筑导报》（*Le Moniteur Architecture*，巴黎），《当代建筑》

（*L'Architecture d'aujourd'hui*，巴黎），《房屋》（*Domus*，米兰），*2G*（巴塞罗那）等。他出版过多部著作，包括：《勒·柯布西耶，一部百科全书》（*Le Corbusier, une encyclopedie*，巴黎：蓬皮杜中心，1987年），《法国建筑，1965—1988》（*France Architecture* 1965-1988，米兰：Electa出版社，1989年），《O. M. A.-R. 库尔哈斯》（*O. M. A.-Rem Koolhaas*，米兰：Electa出版社，1990年）等，自1994年起，他在巴黎开设建筑事务所。

评语

在选择我所认为的20世纪最重要的100个建筑时，我认为应当遵循如下的原则：

1. 代表建筑革新的作品（主要是在建造、类型学和构图方面的革新）；

2. 以最具说服力的方式表现了最具代表性建筑师的创作思想的作品，这些作品在20世纪的建筑史中具有公认的价值；

3. 在建筑理论界引起争议的一场运动、一种趋势或一个思潮的代表作品。

当然，这些原则并不是互相排斥的，同时它们的存在也不能排除我所做的某些选择是完全主观的，是无法完全用理性加以解释的情况。

还有一个很清楚的事实，某些地区、某些国家的作品远不如其他作品有名，这只能说明它们或是被忽视了，或是被遗忘了。

M. 德・米凯利斯（Marco De Michelis）

生于1945年，在威尼斯建筑大学教授建筑历史。他是获亚历山大・冯・洪堡基金会（柏林及慕尼黑）资助的研究员，以及加利福尼亚圣莫妮卡的格蒂艺术史研究中心的学者，同时还是汉堡艺术大学和魏玛包豪斯大学的教授。他在论述当代建筑方面出版过大量文献，包括：《H. 特瑙》（*Heinrich Teenow*，斯图加特：DVA出版社；米兰：Electa出版社，1991年），《W. 格罗皮乌斯，L. 希尔伯赛默》（*Walter Gropius*，*Ludwig Hiberseimer*，*Rassegna*杂志专号，1983年及1986年），《A. 勃朗特》（*Andrea Brandt*，米兰：Electa出版社；柏林：Ernst & Sohn出版社，1994年），《包豪斯，1991—1993》（*Bauhaus*，*1991–1993*，米兰：Mazzotta出版社，1996年）。他于1989年至1991年曾任《八边形》（*Ottagono*）杂志编辑，1993年至1996年任米兰三年艺术展首席评论员，1997年任《斯基拉》（*Skira*）建筑编辑。

评语

选择代表20世纪地中海地区的100项建筑精品的核心问题，就是如何对“地中海”这一地区作为一个有自身识别性的地域加以限定的问题。

我们可以这样说：地中海地区建筑的兴衰更多地受到欧洲建筑的影响，但它保有自身的个性。在某些情况下，来自欧洲周边地区的思潮与主题在这里表现得非常独特，比如新艺术运动影响下高迪的建筑创作。还有一些情况显示出重大的时间差异，比如意大利的理性主义建筑是在20年代出现的，比欧洲的“新建筑运动”整整晚了10年，因而也不能作为重要的课题吸引评论家们的注意力。

在20世纪，从对地方传统的延续（无论是构造上，还是风格上）以及对传统形式的创新上讲，地中海建筑比欧洲其他地区的建筑都更有特色。此外，简洁的方盒子建筑起源于希腊和意大利南部的地方建筑，它们与过去世代相传的古典建筑形式取得了完美的和谐。

对勒·柯布西耶而言，“地中海特色”是新世纪新建筑的基本要素之一。

Y. 西梅奥弗尔迪斯
（Yorgos Simeoforidis）

生于1955年。先后在罗马、佛罗伦萨和伦敦学习建筑。他曾在伦敦的建筑协会研究生院以及美术学院研究生院教授历史和理论（1980—1984）。自1989年起，他担任国际期刊*Tefchos*的编辑和主任，自1972年起任EUROPAN秘书处的专家。作为各种建筑丛书的编撰者、各种展览的组织者与主持者、录像节目以及其他与建筑有关的文化项目的制作者，他频繁地在欧洲各地讲学和出版文献。1994年他成为雅典建筑研究中心的创建人之一。他还曾担任米兰三年艺术展第19届国际博览会“近人的景观”展览的希腊委员（1996年），欧洲竞赛“现代城市中新的集合空间——塞萨洛尼基的西翼”的项目协调人（1996—1997年），期刊*Metapolis*的创建人之一（1997年），国际都市建筑项目（INTERMAP）及全欧建筑类学院网络（TRANSART）的创建成员（1998年），于荷兰纳依举办的“现代化进程中的景观：60年代与90年代的希腊建筑”展览（1999年2月5日开幕）的主持人之一。

评语

在文化的积淀中遨游

像所有的作品选一样，这本选集的任务也向所有的专家提出了同样的难题：如何选出，或说如何做出100项设计的提名。实际上，提名名单的准备过程就是一个在20世纪的文化积淀中遨游的过程。当然，徜徉在一个个方案和建筑背后的历史故事之中是一件令人愉快的事情。从选集的结果看，我发现存在着两种思路：一种是安全的，一种是危险的、不安全的。所有的专家都必须对现代时期——而不仅是现代主义者——的传统重新加以评价，以理解现代化对我们社会所造成的影响，它所遇到的不同回应与阻碍，以及最终结果的质量。这本作品选从一个侧面验证了20世纪的建筑历史是如何形成的。在本卷实例中，西班牙31项，法国29项，意大利26项，葡萄牙5项，希腊和斯洛文尼亚各3项，阿尔及利亚2项，埃及1项，反映出西欧文化在地中海地区的主导作用。至今地中海地区仍被认为是一个多文化交融的地域，它成为三种宗教（基督教、伊斯兰教和犹太教）的共生之地，而不仅仅是历史上希腊-拉丁文化的摇篮。

五位专家各自的背景对他们的选择有相当大的影响，这可能是合理的：J. 吕甘提名了89项方案（来自他祖国的占36项，国外的占53项），德·米凯利斯提名了100项（32项和68项），沃多皮韦茨81项（13项和68项），拉韦尔塔80项（他提名的全部是西班牙建筑），而我本人提名了105项（36项和69项）。只有三个项目是获得一致提名的：高迪的米拉公寓和巴塞罗那古埃尔公园，以及巴尔德维齐的萨拉曼卡议会宫。还有一些项目获得了四位专家的提名：佩雷的巴黎富兰克林路公寓，密斯的巴塞罗那博览会德国馆，P. 夏洛的巴黎水晶屋，利贝拉的卡普里岛马拉巴尔代别墅，勒·柯布西耶的马赛公寓，皮基奥尼斯的雅典卫城与菲洛帕普斯山景观设计，罗西的米兰加拉拉泰塞2号住宅，斯卡尔帕的布里昂家族墓园，莫内奥的梅里达罗马艺术博物馆，西萨的波尔图大学建筑学院及O.M.A.的里尔大宫殿，以及塔拉戈纳的两座建筑和马德里的马拉维拉学校体育馆。以上已经提及了18个项目，剩余的82个项目获得提名的情况如下：3票的占27项，2票的44项，1票的11项。也就是说，44%的项目只获2票提名就得以入选。

我在提名时关注了三个领域，我认为这些领域在当今大量的媒体、艺术博物馆和公共交通设施的时代往往被人们所忽视：居住建筑（以私人住宅和附属设施为主，它们经常是示范性的建筑或是一场运动或思潮的宣言），社会基础设施（学校、旅馆、市政建筑、市场、体育设施等），景观建筑（与休闲相关的公共或旅游空间）。我提的名单中约有三分之一的项目来自希腊，这恐怕是多了一些。我之所以这样做是因为希腊建筑目前仍未被更多的人充分了解，特别是1930年至1936年和1957年至1967年这两段时期，希腊建筑的价值还没有得到必要的认识。

造成这种现象的原因是国际建筑界，甚至是西欧建筑界在历史评论方面对希腊建筑的忽视（如各种经典的或前卫的现代建筑历史、作品选、目录、手册和展览等一贯如此，直至90年代情况仍未好转）。对希腊建筑的忽视恐怕是传统历史研究方法“欧洲中心论”的结果，这种论点在很多的方面都有所体现（如1992年巴塞罗那奥运会的西班牙），它对任何来自从地理上处于“边缘”的国家——如希腊——的影响视而不见，在这些国家中，现代主义虽然已经到来，但其前卫的程度相对较弱。事实上，对于单向度方法研究下的欧洲建筑历史而言，希腊建筑几乎是不存在的——它仅仅在启蒙传统和思维系统肇始的第一步起过作用。这种论调非常顽固，也非常普遍，特别是在现代主义运动的建筑师中表现得更为突出。

这种评价不应仅涉及具体的建筑师或具体的建筑，而应同时关系到文化的大背景——建筑历史是对具体的建筑和建筑师的记录，但它同时也是对思想和集体意识的记录。事实上，虽然本书的编撰受到了传统的“正规”历史观念的影响，但还是收集了很多“异端的”、在文化上影响深远的人物（如胡霍尔、普列茨尼克、皮基奥尼斯、斯卡尔帕），以及很多与现代主义运动同时期的其他的重要思想。这方面的例子，如加泰罗尼亚现代建筑的发展，铁筋混凝土在法国理性主义建筑中的影响，前卫主义运动（立体主义）的重点向空间问题的转移，意大利建筑对于理性主义与地中海地区性结合的尝试，战后时期所遇到的两难困境（科德尔赫、BBPR），粗野主义在社会伦理方面的反应，建筑的自主性在新理性主义者手中的回归，当代公众思想的重新活跃，以及文化前卫运动的发起，等等。

对希腊而言，30年代学校的建设项目、1957年至1967年的国家旅游组织的旅馆与休闲设施项目，以及人类历史博物馆的建设项目等都极大地丰富了建筑的发展。这些由米察基斯、卡兰蒂诺斯、康斯坦蒂尼迪斯和泽奈托斯所设计的方案展现了很多重要的主题，而在主流的建筑历史中他们却处于边缘。目前一些年轻的、默默无闻的欧洲建筑师的设计实践也极大地丰富了建筑历史，他们也许是在全球文化而不是国家文化的背景下进行设计的第一代人。

也许正是通过这些非主流的内容，我们才能从这部书更全面地了解地中海——无论如何，这是一个好的开端。

A. 沃多皮韦茨（Ales Vodopivec）

生于1949年，在卢布尔雅那学习建筑与哲学，1974年从建筑学专业毕业。他在斯洛文尼亚和前南斯拉夫曾获多项设计竞赛一等奖，但只有一少部分获得了实施，其中还有一些项目获得了国家建筑奖或文化艺术成就奖：普勒瑟伦奖、普列茨尼克奖章、皮拉内西奖等。他不断在各种文化和建筑期刊上发表文章。他是*AB*杂志的编委会委员，1990年至1993年在卢布尔雅那任景观建筑系教授，1993年后任建筑系教授。他还是多所国外（法国、奥地利、意大利、美国、以色列）建筑院校的客座教授或讲师。

评语

我用于提名的最基本标准如下：首先，作品必须有明确的、巧妙的和纯净的构思。无论是从空间上讲，还是从文化上讲，建筑创作的明确构思是无法与创作的具体条件分割开来的。当一幢建筑的外观直接反映了它的结构和建造逻辑时，我认为它是最有吸引力的。其次，一个作品能在建筑理论引发议论的多少也是我选择的一个标准。同时，我对有个性的、原创性的、革新性的作品最为敬重。

对于本书这样的作品选而言，最令人烦恼的是那些不能入选的作品。这不仅是选择作品的问题，而更是选择评判标准的问题，就像前文所说的那样。但如同所有的文字都是对过去事物的描述一样，我的选择标准事实上也是一个事后的存在——是在选择做完以后才总结出来的。而且像任何理性过程的组成部分一样，它只是一种更大范围内的真实部分，是在任何的艺术体验中都存在的——我相信建筑本身也是这样。

主编助理

D. 瓦尔泽（Daniel Walser）

1970年生于瑞士圣加尔。在苏黎世瑞士联邦高等工业大学（ETH）跟随F. 盖里教授等学习建筑，1995年至1996年在罗马大学师从L. 安韦尔萨教授。他曾多次访问斯堪的纳维亚国家，特别是斯德哥尔摩，曾与M. C. 福斯贝里合作写过一篇关于1930年斯德哥尔摩展览的论文。1998年从W. 舍特教授手下毕业，毕业设计为一座巴塞尔的剧院。在苏黎世建筑论坛的A. 阿尔托100周年纪念会上与L. 萨克斯和F. 贝内施合作发表演讲。自1998年后，在苏黎世瑞士联邦高等工业大学成为V. M. 兰普尼亚尼博士、城市设计历史教授的研究助理。

项 … 目 … 评 … 介

第 4 卷

环地中海地区

1900—1919

1. 圣胡斯塔升降机塔

地点：里斯本，葡萄牙
建筑师：R. M. 迪蓬萨尔
设计/建造年代：1900/1900—1902

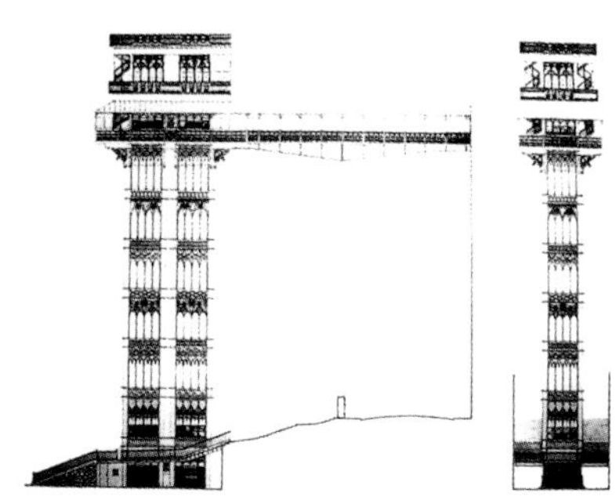

↑ 1 受哥特风格影响的升降机塔正立面
↑ 2 塔的外观
↦ 3 外观（D. 瓦尔泽摄影）

在里斯本市密集的中心城区内，坐落着一座铸铁制成的升降机塔。当年，它是利用蒸汽来驱动的。它的设计者R. M. 迪蓬萨尔是一位接受过国际化教育的工程师，曾在法国、德国和瑞士求学。

这座升降机塔连接的不是一幢建筑物内不同的楼层，而是两个不同的城区。这个30多米高的高塔以最便捷的方式将上城区和下城区连接在一起。升降机塔原本打算采用砖砌

↑ 4 室内楼梯间（M. S. 乌尔里希摄影）

↓ 5 前期设计方案中的摩尔人风格的升降机塔。左侧部分是哥特式卡尔穆修道院的废墟，它为建筑师 R. M. 迪蓬萨尔带来了创作灵感。建筑师由此进一步把方案设计成了严格的哥特式尖塔

（图和照片由里斯本起重运输协会提供）

的带穹顶的层层拱券，但随着设计进程的深入，其逐渐演变成了朴素的新哥特式风格的塔楼。这种造型处理的目的是为了与位于其上部终点的卡尔穆修道院相呼应，这所修道院经过1755年的大地震后，作为遗址而保存下来。

建筑师R. M. 迪蓬萨尔是G. 埃菲尔的学生，因此，圣胡斯塔升降机塔使人联想起巴黎的标志性建筑——埃菲尔铁塔并非偶然。像埃菲尔铁塔一样，圣胡斯塔升降机塔也有一个设有咖啡馆的观景平台。尽管圣胡斯塔升降机塔的尺度比较小，却仍然有多种用途。与公共汽车和城市有轨电车相同，作为里斯本短途公共交通网的一个组成部分，圣胡斯塔升降机塔无疑是里斯本这座城市中最漂亮的交通设施之一。*（M. 豪泽 / D. 瓦尔泽）*

2. 圣让·迪·蒙马尔特教堂

地点：巴黎，法国
建筑师：A. 迪·博多
设计/建造年代：1894/1896—1904

位于巴黎阿巴斯街的这座教堂是第一座带有独特的铁筋混凝土骨架的教堂，这是建筑师和工程师密切合作的结果。建筑师A. 迪·博多继承了H. 拉布鲁斯特和E. 维奥莱特-勒-杜克的古典理性主义风格，并致力于寻找新的建筑方法。博多受到工程师P. 科唐辛的启发，科唐辛刚刚发明了一套以新型的铁筋混凝土为建筑材料的结构体系（1889年首次申请专利）。博多利用铁筋混凝土这种在当时尚有争议但却经济的建筑材料设计了一座庄严肃穆的教堂。这座在1896年建造的

↑ 1 外观

富有创意的教堂应用了日后被埃内比克·冯·爱德华·贝朗特进一步发展的体系。整个建造工程不断地受到工程中断和资金短缺的困扰，同时由于当局对教堂引起争议的狭长外观持不信任的态度，建造过程中还引发了诉讼，并威胁要取消工程。在1897年建成的教堂地下室上方坐落着教堂大厅，它是由三个厅堂所组成的大厅，其中两个侧廊布置了楼座和圣坛，中廊的穹顶厚7厘米，由一些7厘米厚、25米高的柱墩和纵横拱肋所支撑，它们共同构成了一个完整的支撑体系。这种式样也体现在教堂的外观上。因此，在形式上，无论是其内部还是外部，建筑的性格被表现得更加鲜明，突出了无限重复的平面划分，与英国晚期哥特风格大相径庭。教堂的外墙用砖砌的扶壁加固，只有立面用瓷砖装饰。教堂内壁用石膏粉刷，由于资金短缺而从未能用壁画装饰。作为一种抽象的建筑体系，铁筋混凝土结构令建筑师博多很感兴趣。

（V. M. 申德勒）

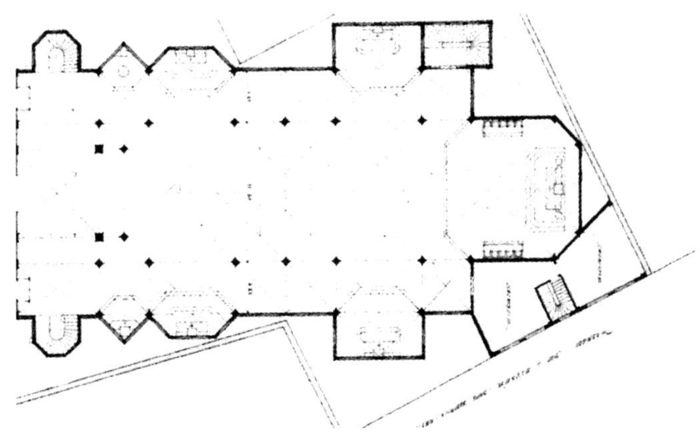

← 2 内景
↑ 3 立面
↑ 4 平面

（照片由P. 卡代摄制，图和照片由巴黎ARCH. PHOT/C. N. M. H. S.提供）

3. 巴黎地铁站入口

地点：巴黎，法国
建筑师：H. 吉马尔
设计/建造年代：1899/1899—1904

← 1 主立面
↓ 2 地铁出入口
→ 3 地铁站入口

吉马尔是法国新艺术运动的第一位，也是最重要的一位建筑师。在巴黎地铁站入口的设计中，他发挥了钢材在结构和装饰两个方面的潜力，其设计充满了有机体的生命力。金属的结构形成了蜿蜒的构架，为建筑划分了整体的节奏，同时也造成了独有的纤细、紧凑和轻盈的感觉。通过设计，吉马尔用无机的金属材料造就了有机的形体。清晰的结构逻辑与质朴的构造方法使

DUBONNET
SORTIE
ENTREE

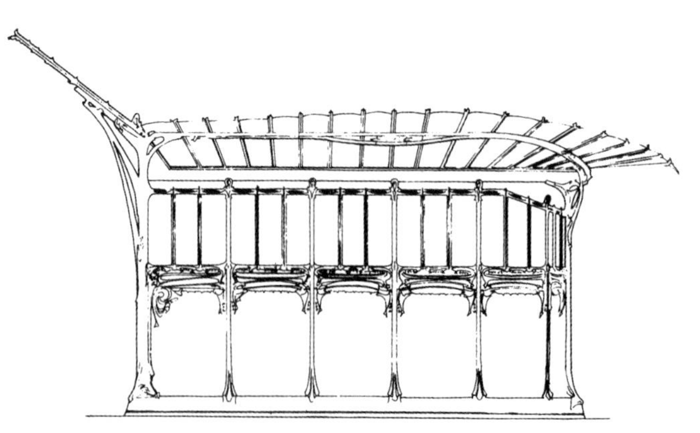

建筑的屋顶具有了优雅的品格，而其建造过程也确有炫技的成分：所有的屋顶构件都是用金属浇注，系列化生产。钢和玻璃的运用为建筑带来了通透的门廊气氛。这些动态的造型不仅仅是为了装饰，它们从一个侧面象征了地铁的动感。

虽然装饰艺术派从主体上讲是一种装饰的风格，但吉马尔的作品来源于显明的建造逻辑。在经过了19世纪纷繁的历史主义之后，钢和玻璃构造的运用使建筑再度成为一种技术表现的语言。*（A. 沃多皮韦茨）*

↑ 4 地铁出入口

← 5 细部

↓ 6 侧向剖面

（照片由D.瓦尔泽摄制，图和照片由RATP Audiovisuel提供）

4. 富兰克林路公寓

> *地点：巴黎，法国*
> *建筑师：A. 佩雷*
> *建造年代：1904*

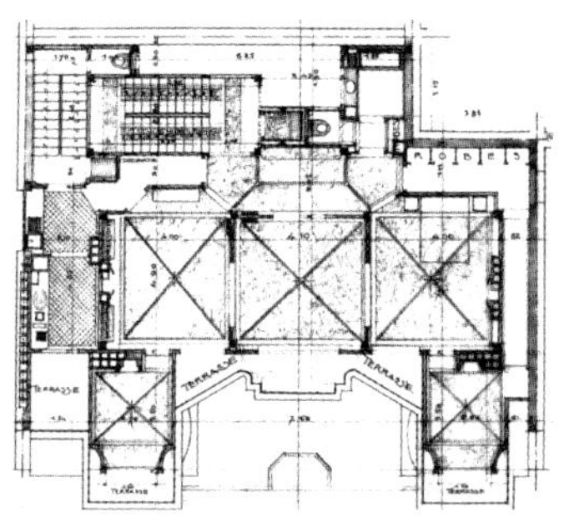

← 1 七层平面
↓ 2 立面局部

A. 佩雷早年在巴黎美术学院师从J. P. 加代，1897年佩雷突然离校，与其兄弟奥古斯特和克劳德一起，服务于本家族的企业——佩雷兄弟公司。L. 本沃洛曾这样评价佩雷，认为他是“具有独特天赋的”，“迪朗、拉布鲁斯特、迪泰特、埃菲尔等大师的继承者”。佩雷在许多建筑中使用了一系列具有创造性的结构方案，如富兰克林路25号公寓、香榭丽舍剧院、公共工程博

↑ 3 外观

物馆等。这些作品都建在巴黎，也都入选了本卷作品集。

巴黎的富兰克林路25号公寓使用了佩雷兄弟公司的一种梁式混凝土结构体系。建筑共有五跨，顶部后退形成开敞的走廊。正如K. 弗兰姆普敦所指出的：“富兰克林路公寓所使用的钢筋混凝土结构框架是一种变种的结构，它令人联想起木结构建筑的柱子和横梁。”（*CABP*）

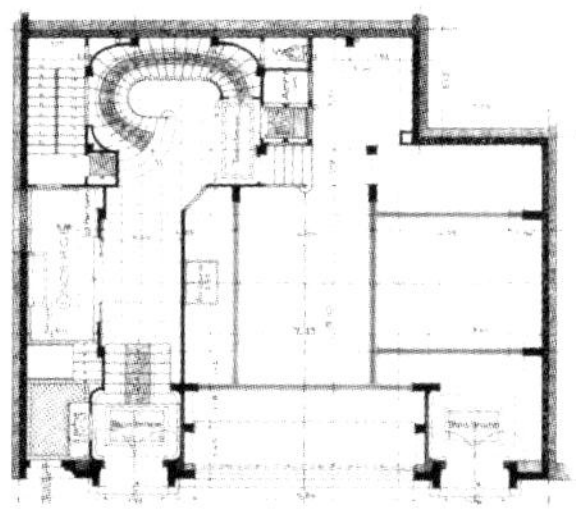

↑ 4 室内楼梯
← 5 屋顶庭院
↓ 6 底层平面

[图和照片由国家档案馆 / 法国建筑学会（AN/IFA）提供]

参考文献

Benvolo, Leonardo, *History of Modern Architecture*, 2vols, Cambridge, Massachusetts: The MIT Press, 1971.

Frampton, Kenneth, *Modern Architecture, A Critical History*, 3rd ed., London: Thames and Hudson, 1992, pp. 105-106.

Frampton, Kenneth, "Auguste Perret and Classical Rationalism", in *Studies in Tectonic Culture*, *The Poetics of Construction in Nineteenth and Twentieth Century*, Cambridge, Massachusetts: The MIT Press, 1996, pp. 121-157.

5. 加泰罗尼亚音乐宫

地点：巴塞罗那，西班牙
建筑师：L. 多梅内奇·伊·蒙塔内尔
设计/建造年代：1905—1908

加泰罗尼亚俄耳甫斯音乐学院，是20世纪初巴塞罗那最著名的一所资产阶级学校，也是加泰罗尼亚主义政治与文化的一个象征。音乐学院委托建筑师多梅内奇·伊·蒙塔内尔在巴塞罗那老城区一个街角处的狭窄地块设计建造一座音乐宫。尽管基地条件十分苛刻，多梅内奇仍做出了一个卓越超凡的设计，它不仅从建筑学的角度提供了严谨的解决方案，同时还在建筑形象的象征性与意识形态方面恰如其分地满足了业主的需求。

多梅内奇选择铁作为主要的结构材料，为音乐宫创造了较为宽敞的空间，这对于音乐宫内舞台的各部分空间和观众厅空间的连续性来说是非常必要的。音乐宫主要的大厅位于上层，一座庄重的楼梯将观众引导到观众厅内。因为处于狭窄的地段上，为了避免封闭感，大厅的设计强调开敞与光亮的效果。多梅内奇在设计音乐厅正立面的墙壁时，以层层壁柱、柱列和彩色玻璃取代墙体，最大程度地使室内空间得到延伸。大厅顶棚采取了同样的结构，并在正中设计了一个倒置的天窗，把光线引入了厅内。阳光自厅面缕缕射入，变成了一个色彩斑斓的光团。

但事实上，除了它的“开放式”结构外，音乐宫真正的引人之处还在于其精雕细琢的内部装饰。扶手被雕成蝴蝶纤巧的翅膀，楼梯栏杆晶莹剔透，壁柱和柱子像枝繁叶茂的树干，柱头变成花冠；墙壁上布满了釉面砖，形状像果实、枝叶；台口上雕刻的骏马仿佛脱缰而出跃向观众厅，墙上的一朵朵云彩和音乐家们从墙壁上浮现出来……巍峨的大厅、华丽的舞台、开放的结构、巨大的空间和精妙

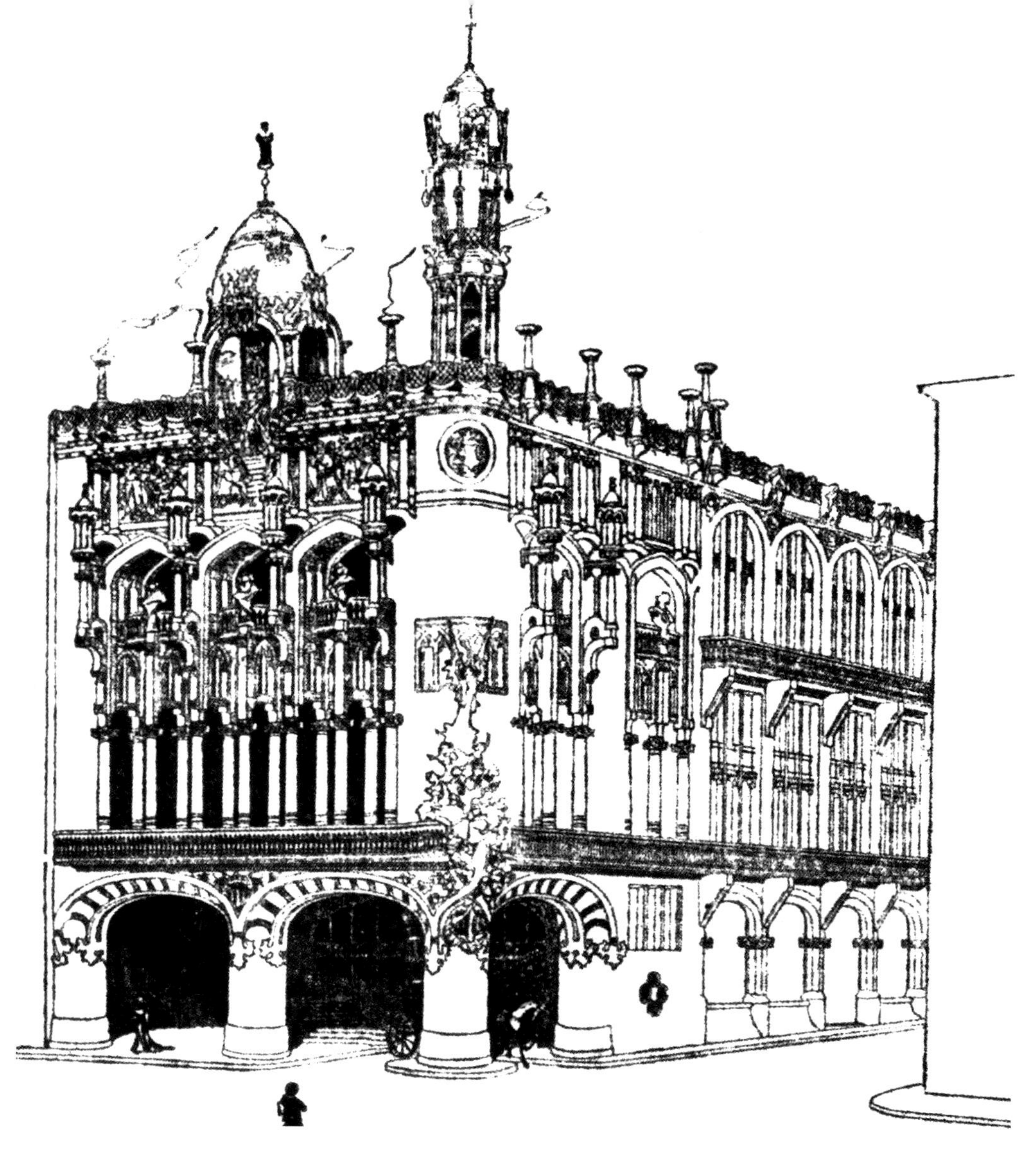

↑ 1 全景（摘自 *La Veu de Catalunya*, 8 febrar, 1905 年）

的装饰，表现出了一种统一的气氛，具有一种令人难以觉察的有机的张力，融入音乐之中，融入歌唱家和听众的交流之中，象征着这个神秘而又和谐的民族。音乐宫的室内成为一幅可感知的图景，表现了意识形态的取向，表现了音乐与20世纪初加泰罗尼亚地区资产阶级的政治之间的自然而又有机的统一。这是资产阶级与公众之间的和谐共存。音乐宫的外观也体现了同样的乐观主义情调，转角处集聚了一组表现民间歌曲寓意的雕塑。圆形大柱的顶端耸起了一座用玻璃与铁做塔顶的高塔，象征前进的航船。建筑以一种积极的形态融入城市的环境之中。

在多梅内奇的主持下，许多艺术家参加了音乐宫的装饰工作，其中有P. 加尔加略、L. 布鲁、E. 阿尔瑙、里加尔特·伊·加拉内尔、M. 布拉伊、M. 马索特等。

（J. J. 拉韦尔塔）

6. 科多米乌酒厂

地点：巴塞罗那，西班牙
建筑师：J. 普伊赫·伊·卡达法尔奇
建造年代：1906

20世纪初西班牙现代主义的杰作，它摒弃了古典主义的烦琐装饰，表现出萌芽时期现代主义的某些特征。建筑师采用了连拱式的构造体系，从而获得了满足酒厂功能需要的巨大空间。窗户以玻璃为材料既与凝重的构造体产生了对比，又创造出轻盈明亮的室内空间。

（CABP）

← 1 鸟瞰

↑ 2 外观

← 3 连拱

↓ 4、5 内景

（图和照片由巴塞罗那科多米乌国际小组提供）

7. 巴特洛住宅

地点：巴塞罗那，西班牙
建筑师：A. 高迪
设计 / 建造年代：1906

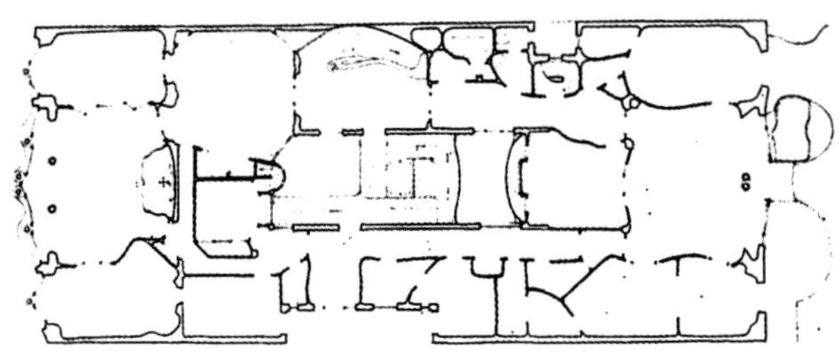

← 1 平面
→ 2 外观

1904年，西班牙纺织业巨子J. 巴特洛委托高迪对巴塞罗那格拉西亚大道上的一座公寓楼进行改建设计。高迪的任务是对整个公寓的室内外进行彻底的改造，高迪和助手们（其中有胡霍尔）一起装修巴特洛家族居住的主要生活单元，并为该楼层购置配套家具。

除了该楼的主层外，二层及其他楼层均对外出租。在外部改造上，高迪去掉了原来古老的新古典主义风格的方形阳台，以一个贯通整个主层并遮盖部分二层的带彩色玻璃窗的石砌大平台来取代；他设计了一个巨大的波浪般起伏的屋顶，铺盖着蓝紫色的瓷砖，使人联想起龙的背脊和鳞片，屋顶上还有一个圆柱形塔楼，顶部有一个向四个方向突出的十字架。

在大楼内部，高迪力图使楼梯间、电梯和通风天井的风格统一，营造出一种协调的气氛。天井的墙面贴满了以蓝色为基调的瓷砖，底部呈深蓝色，然后沿着墙壁向上，颜色由深到浅，到了顶部已几近白色，造成光线从天顶照下来的效果。

主层的内部，墙面是波浪起伏的，顶棚设计得像是浪花和漩涡，在来自天井和玻璃窗射入的光线的映衬下，给人一种仿佛置身海底世界的感觉。

高迪一方面突出了房子里的每一个细节（木装修、地面、门环、家具），

↑ 3 窗
← 4 屋顶尖塔
↓ 5 内景

（照片摘自G.柯林斯《A.高迪》，纽约，1960年）

另一方面极力试图赋予这座带有资产阶级情调的老房子以一种深远的意义。好比是一场与资产阶级平庸生活的搏击，建筑师把立面上的巨形石砌平台的石料做成熔岩状，而材料在此似乎已转换成了人的肉体的一部分，并且是没有骨骼的部分。与建筑师的意愿相反，这座位于巴塞罗那环境最优雅的大街上的极具象征意义的房子，至今仍有一个非常流行的别名："骷髅屋"。*（J. J. 拉韦尔塔）*

8. 帕尔马大酒店

地点：帕尔马，西班牙
建筑师：L. 多梅内奇・伊・蒙塔内尔
设计/建造年代：1909

1901年，人们决定在马略卡岛的帕尔马建造一座无论从档次上还是从服务上都能与当时欧洲各大都市的饭店相比的酒店。这一决定一经做出，就自始至终得到了贯彻：酒店的选址是典型的城市转角地段，而完成其设计的则是巴塞罗那建筑师多梅内奇・伊・蒙塔内尔，他的建筑理念和经验为最终效果提供了保证。

在帕尔马大酒店的设计上，多梅内奇不负众望，博采巴塞罗那一些酒店设计的长处，以被称为专业知识的超凡职业技能，发挥了他的个人

→ 1 外观

↑ 2 转角细部

才干。首先，酒店底层与上面四层采用了传统的古典三段式构图，形成了基座、主体和檐口三大部分。每一部分的设计都融入了建筑师自身的风格：底层使用了柱和拱券，从而形成了大面积的低矮洞口；中间部分则间隔使用了装饰阳台与新哥特风格的装饰面板；建筑的顶部则形成了传统的饰带形式，并通过植物的装饰图案达到高潮。其次，在临主要街道一侧，面对转角处还设计了一个演讲台，其密柱处理、圆形阳台的虚实交替和顶端的钟塔，底层为立柱与弧形拱间镶嵌的巨型玻璃，中间各层是以新哥特式风格装饰的交错排列的嵌入式阳台，檐壁式的顶层则把下面诸层的装饰风格发挥到了极致。最后，作者在朝向主要大街的酒店的正立面上，设计了一个突出的平台，与街角林立的圆柱、错落有致的圆形阳台和柱形大窗及顶部的钟楼交相辉映。这一切为这一地处典型城市转角地段的大酒店建筑带来了纪念性的品格。

↑ 3 立面细部
↓ 4 阳台细部

（图和照片由西班牙巴塞罗那的加泰罗尼亚建筑师协会历史分会提供）

酒店内部的厅堂墙壁上，装饰着S. 罗西托尔、J. 米尔和A. 卡马拉萨等加泰罗尼亚最著名的现代派艺术家的作品。*（J. J. 拉韦尔塔）*

9. 撒马利亚第二百货商场

地点：巴黎，法国
建筑师：F. 茹尔丹
设计/建造年代：1904—1908/1905—1910

在撒马利亚第二百货商场的设计中，法国新艺术运动的主要倡导者之一，建筑师兼理论家F. 茹尔丹将原先的23座旧房屋转换成了一个沿内院组织的商业建筑。从19世纪80年代开始，业主E. 科尼亚克就请F. 茹尔丹为他日益壮大的系列商店建筑做设计。在1904年，科尼亚克希望在旧百货商店前盖一座新楼，还要在新楼的地下室增设跃层的展廊。

这座巨大的铁与玻璃的构筑物综合了百货商店的需求与茹尔丹的构造和装饰思想。与常见的遍布室内外的花饰不同，茹

⇦ 1 百货商场外观，1905 年（摘自 M. L. 克劳森《F. 茹尔丹与撒马利亚百货商场》，《新艺术理论与评论》，荷兰莱顿：E. J. Brill 出版社，1987 年）

↑ 2 百货商场室内楼梯（S. 吉迪翁摄影，苏黎世高等工业大学建筑历史与理论研究所档案室提供）

↑ 3 沿里沃利大街的新立面，1912 年（摘自《巴黎的撒马利亚百货商场——里沃利大街新立面》，《现代建筑结构周刊》第 27 期，1911—1912 年，第 315—317 页）

尔丹用多彩的陶瓷面板做空框，一方面形成了独特的立面装饰，另一方面又为内部的商品提供了展示的景框。钢框架表现得非常直白：它既起结构作用，又起装饰作用。铁艺构件卷曲在大面积的窗户周围，起到了固定玻璃的作用。转角处的圆形塔楼在形式上是建筑轮廓线的重点部分，在夜间闪闪发亮。

茹尔丹在撒马利亚第二百货商场的设计中实现了他对新百货商场的理念，即一个现代的集市。这个理念是早些时候他为 E. 佐拉1883年的小说《幸运的贵妇人》所创造的，按原文的说法，是“现代商业的殿堂”。*（E. 坎蓬）*

10. 米拉公寓

地点：巴塞罗那，西班牙
建筑师：A. 高迪
设计 / 建造年代：1905—1910

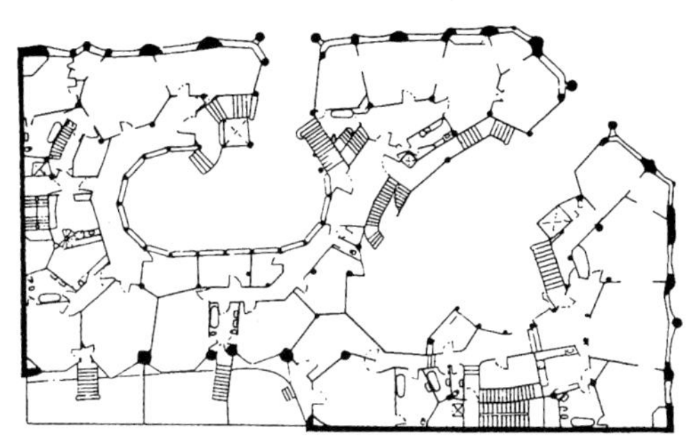

1 底层平面（摘自 J. J. 斯威尼、J. L. 塞特《A. 高迪》，斯图加特：Verlag Gerd Hatje 出版社，1960 年）

米拉公寓位于巴塞罗那市格拉西亚大道一个十字路口旁的开阔处，是纺织企业家米拉·伊·坎普斯请高迪设计建造的，也是高迪在巴塞罗那设计的最后一座公寓楼。像巴塞罗那市郊的出租房屋一样，米拉公寓的二层一整套大居住单元供主人一家居住，其他各层划分成小的单元，供出租使用。

高迪将这座建筑当作一个大型的有机体来对待。建筑内所有的部分，无论是公共的还是私人的，都是相互关联的，并通过只有自然才能赋予的和谐感统一起来。

建筑的立面由连续不断的波浪形的石材表面构成，水平的皱褶取代了传统的檐口，配上平台、阳台及窗户等形成的孔穴，便像一面被时光侵蚀的石窟遍布的峭壁，又似一堵历史久远的石墙。墙面并非平整的石块，而是如同流淌中骤然凝固的岩浆。建筑的立面在很多场合被描述成凝固的海涛，这并不是偶然的，因为由铁艺构成的栏杆（胡霍尔设计）确实与浪花和泡沫有着类似之处。事实上，对大自然、原始物质的隐喻及其展示的静止的运动和生命力，正是这座公寓要表现的主题，在动与静的矛盾中讲述自己的故事。

这种柔软而又熔岩般的风格在公寓内两个大通风天井（一个为圆形，另一个为卵形）的内部设计上同样有所表现，其间有

↑ 2 外观（摘自 C. 弗洛雷斯《当代西班牙建筑》，马德里：Aguilar 出版社，1961 年）

↑ 3 外观细部（摘自 C. 弗洛雷斯《当代西班牙建筑》，马德里：Aguilar 出版社，1961 年）

↓ 4 外观细部（摘自 C. 弗洛雷斯《当代西班牙建筑》，马德里：Aguilar 出版社，1961 年）

通向主人楼层的扶梯，它们的形状像是已灭绝的古生物的脊椎。这种效果也延续到了建筑的室内，起伏的墙面由化石般的柱子支撑着，嵌有石冰饰面的立柱，顶棚则遍布凹痕、皱褶、波浪和孔洞，所有这些都是胡霍尔的创造。

烟囱和通风口出人意料地设在屋顶平台上，用碎瓷和碎玻璃贴面。在这整幢公寓距天空最近的地方，建筑师废弃了一直使用的凝重的石料，采用了轻质的瓷片与玻璃，这种

↑ 5 屋顶细部（摘自 C. 弗洛雷斯《当代西班牙建筑》，马德里：Aguilar 出版社，1961 年）

↑ 6 内景（摘自 G. 柯林斯《A. 高迪》，纽约，1960 年）

↓ 7 屋顶烟囱（摘自 C. 弗洛雷斯《当代西班牙建筑》，马德里：Aguilar 出版社，1961 年）

材质上的解放使石屋获得了一种悲凉的宗教色彩。建筑的檐口上饰有描述圣母玛利亚的文字，起初，高迪想要在公寓楼顶修建一座圣母像，后来放弃了。但正如高迪所愿，人们对这个别致的屋顶赞颂不已，而且认为它是圣母玛利亚的象征。如果说建筑的整体形式，其软化与化石般的石材隐喻着腐朽与死亡，而公寓楼顶的瓷片与玻璃、色彩与光芒则象征着救赎和希望。*（J. J. 拉韦尔塔）*

11. 带状城市

地点：马德里，西班牙
建筑师：A. 索里亚·伊·马塔
设计/建造年代：1911

1 带状城市平面，1894年（最初发表于《带状城市》杂志，马德里，1904年）

2 带状城市总体方案平面，从1892年开始围合马德里的大部分城区

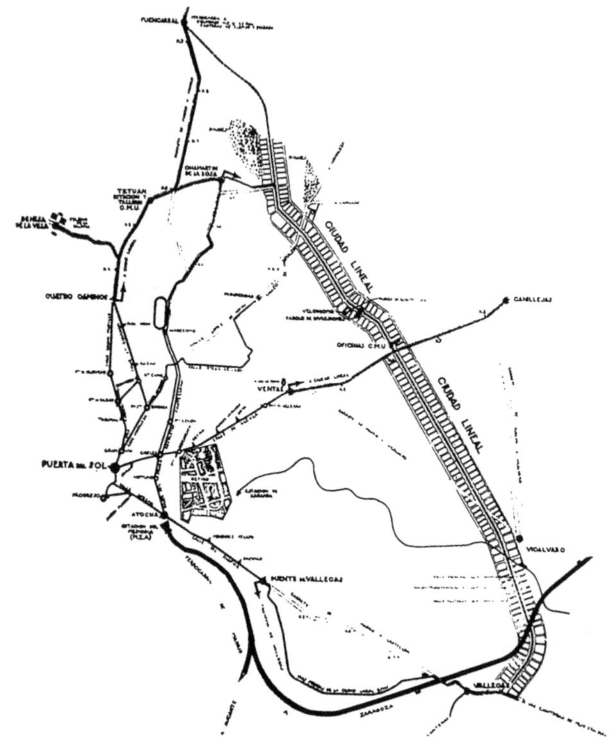

A. 索里亚·伊·马塔属于那种典型的知识型技术人员，他们是19世纪文化的产物，是充分信仰科学、技术和虚幻的理性力量，对科技改变社会充满信心，对乌托邦式的理想充满希望。面对工业化城市出现的问题，如城市的持续无序发展、交通瘫痪、人口密度过高、行为混杂、住房短缺、生活水平下降、官僚主义的作风、空气匮乏、共生模式的丧失等，所有因规划的

↑ 3 公共交通，1908 年

贫乏而滋生的问题，人们迫切需要在旧的和传统的城市肌理上建立新的都市秩序。在1882年，索里亚提出了一种新型的城市设想，计划在现有的城市外围建造一座可以无限地扩展的小型新城市，以替代19世纪那种密度过高的、同心圆式和向心形的城市规划模式。这座新城的基本特点就是呈线性地发展，一条绵延的“长街”，布置了供社区与居民使用的公共交通系统，如火车和有轨电车以及供人们活动的场所。长街两侧，呈平行线状分布着居住区和生产区，彼此通过长街相连，同时，各自又与其外围的农村相接。

↑ 4 一幢私家住宅
↓ 5 按宅基地和建设基地划分的地块（最初发表于《带状城市》杂志，马德里，1898 年）

（图和照片摘自 M. A. M. 鲁维奥《A. 索里亚的带状城市》，马德里建筑师学会提供）

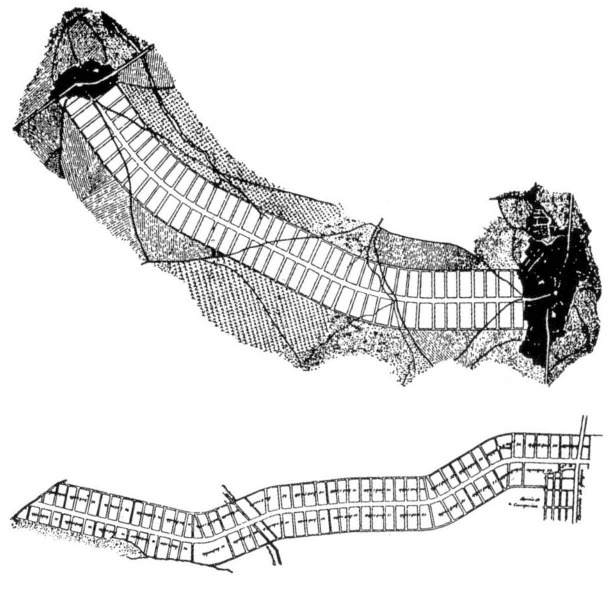

为了实现他的带状城市，或至少建立一个原型，索里亚成立了一家“马德里城市发展公司”，并在马德里郊区着手实现他的计划。在19世纪末和20世纪初的长达15年的时间里，索里亚的工作缓慢而又艰辛地进行着。然而，他的设想并没有得到大地产商的支持。尽管“大街”得以完成，也卖掉了一部分太阳能住房，但索里亚建设一个一体化的、能够随着自身的发展使劳动者、艺术家和工人及社会各阶层的人都能在其中和谐生活的梦想却被证明是不现实的，面对现代化城市房地产投机的现实而变成了一个无法实现的空想。今天，索里亚的长街已是马德里市区的一部分，成了那个计划的一个淡淡的影子。*（J. J. 拉韦尔塔）*

12. 香榭丽舍剧院

地点：巴黎，法国
建筑师：A. 佩雷与 G. 佩雷
建造年代：1913

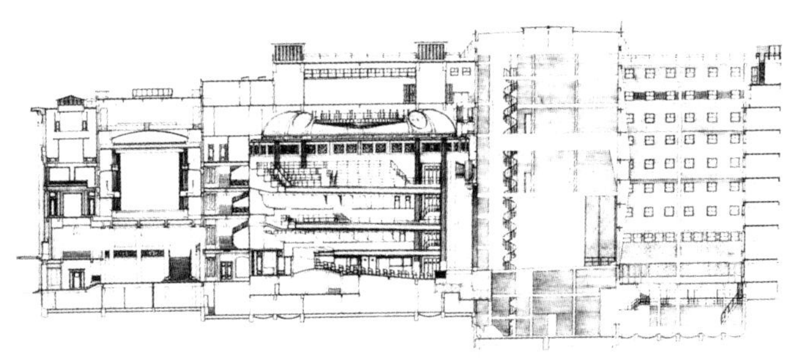

1913年3月31日，蒙泰涅大街上的剧院隆重落成。它的揭幕引起了佩雷兄弟与当时的魏玛艺术学院教师、建筑师H. 范·德·维尔德之间的激烈争论。作为工程承包人与预应力混凝土专家，建筑师A. 佩雷宣称范·德·维尔德的方案是不可行的，并亲自在1911年2月至3月提交了一个造价合理的替代方案，在这一方案中，预应力混凝土骨架成为了建筑造型的

1 剖面
2 门厅内景（舍沃容摄影）

↑ 3 透视图

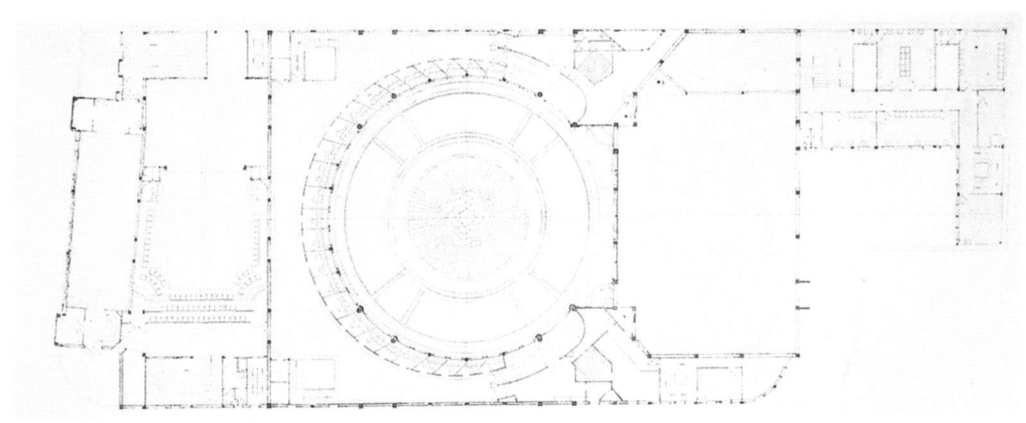

要素。交叉形的主观众厅与凸出的侧廊全部由四层通高的对柱支撑，其上还支承着曲面的屋顶。结构的框架限定了中庭和门厅柱列的尺寸，同时也给建筑的立面带来了严整的几何节奏，这在两个侧立面的外墙上表现得尤为突出。与之形成对比的是，主立面全部以大理石饰面，而在室内的大厅中，25米高的柱子也是经过粉刷处理的。这个由“建筑大师”设计的作品确立了一种清晰、理性的建筑概念；在建筑历史评论中，人们认为它是结构古典主义的开山之作。剧院在1986年经过翻修，在1989年加建了一个屋顶餐馆。

（V. M. 申德勒）

↑ 4 平面

↑ 5 观众厅挑台

［图和照片由国家档案馆/法国建筑学会（AN/IFA）提供］

13. 瓦万路公寓

地点：巴黎，法国
建筑师：H. 绍瓦热
设计 / 建造年代：1913

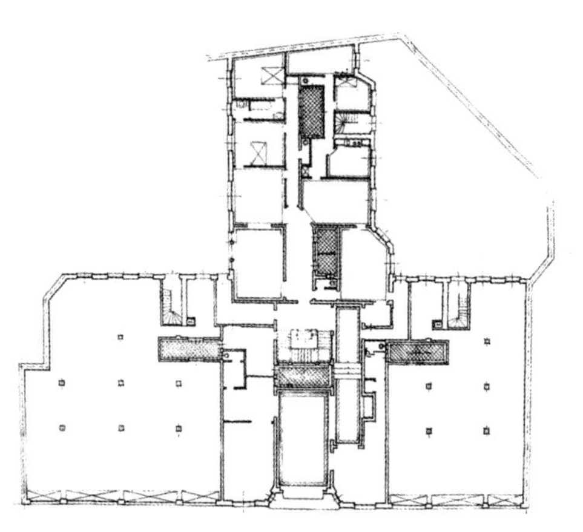

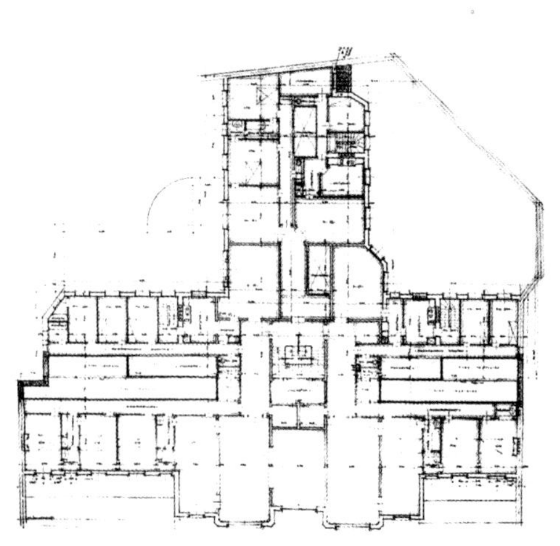

H. 绍瓦热是与A. 佩雷同时代的人，也是20世纪初期运用钢筋混凝土结构的先驱者。弗兰姆普敦曾这样描述这座位于瓦万路的退台式公寓："它充分探索了这种均质材料在可塑性表现方面的潜力。"

（CABP）

参考文献

Frampton, Kenneth, *Modern Architecture, A Critical History*, 3rd ed., London:Thames and Hudson, 1992, p. 39.

James Stevens Curl, *A Dictionary of Architecture*, New York: Oxford, 1999, pp. 586-587.

↑ 1 五层平面
← 2 底层平面

↑ 3 外观

← 4 外观局部
↓ 5 右侧工作室剖面

[图和照片由国家档案馆 / 法国建筑学会（AN/IFA）提供]

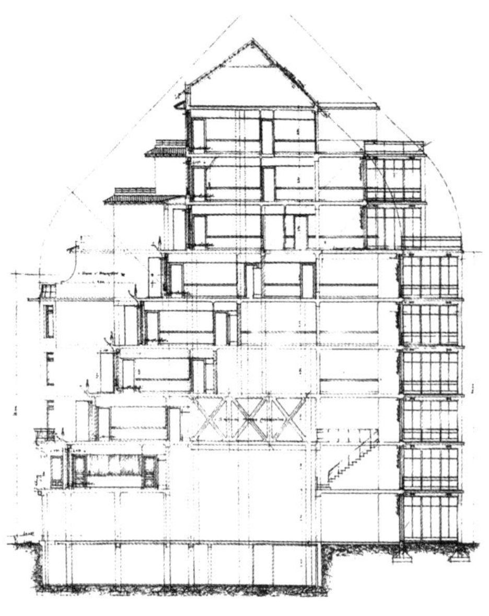

14. 巨蜂屠宰场

地点：里昂，法国
建筑师：T. 加尼耶
设计 / 建造年代：1913

巨蜂屠宰场是整个巨蜂牲畜市场的一个组成部分。建筑师T. 加尼耶在他的家乡里昂完成了一项巨大的城市建造工程，这一设施是整个城市工程框架内的一部分。家畜市场及其屠宰场，特别是它大厅的顶部设计与加尼耶在他于1917年出版的《工业城市》一书中所表述的规划思想有相似之处，彼此相得益彰。屠宰场的运作符合一座现代城市的要求，并体现了当时对工业设施所持有的最先进的设想。在这个屠宰场中，不同的功能区域不仅被清晰地分隔开，而且有条不紊地组

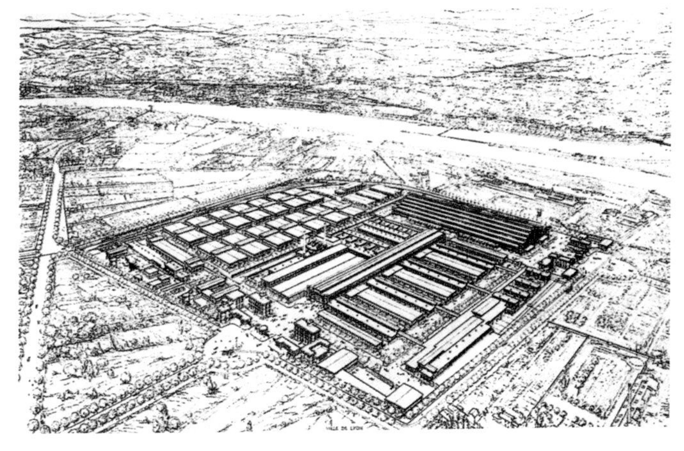

↑ 1 厂区鸟瞰

↑ 2包装工厂外观(S. 吉迪翁摄影)

织在一起。

中央大厅无论从其尺度还是从其跨度（80米宽，210米长，24米高）上讲都是惊人的，特别是它的支承体系的三铰拱结构更富特色。为了建造这座大厅，加尼耶用当时最先进的钢结构来建造这座至今仍保存完好的大厅。在19世纪末，由于有了改良的抗拉型钢材，人们才有可能建造这种没有中间立柱的、用大跨度支承结构承重的大厅。1889年巴黎世界博览会上著名的机械馆就是这种结构的典范。

当时，在法国和欧洲其他地方，人们同时在寻找解决工业设计的途径。在这一过程中，加尼耶在里昂设计的建筑为20世纪的欧洲工业建筑指明了方向。（E. 坎蓬）

↑ 3 有顶廊道（S. 吉迪翁摄影）

（图和照片由苏黎世高等工业大学建筑历史与理论研究所档案室提供）

15. 古埃尔公园

地点：巴塞罗那，西班牙
建筑师：A. 高迪
设计/建造年代：1910—1914

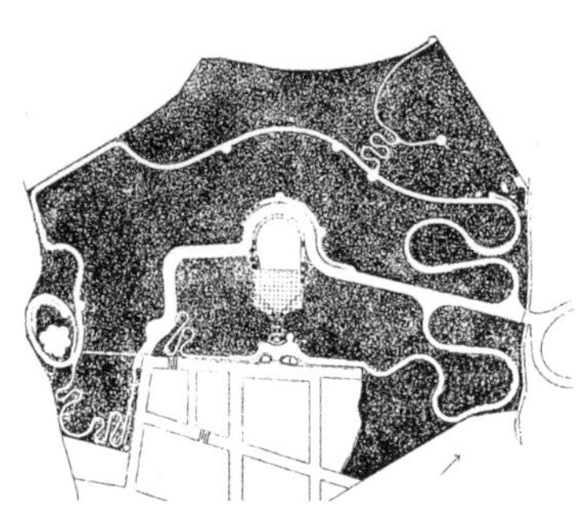

← 1 公园平面（摘自J. J. 斯威尼、J. L. 塞特《A. 高迪》，斯图加特：Verlag Gerd Hatje出版社，1960年）
↓ 2 洞穴（摘自G. 柯林斯《A. 高迪》，纽约，1960年）

1900年，工业家E. 古埃尔请高迪为其设计建造一座公园。公园位于巴塞罗那市郊的一个台地上，该山坡与四周的山脉相连，把巴塞罗那围在当中。站在这块高高的、距巴塞罗那相当远的台地上，可以俯瞰巴塞罗那市和美丽的大海。最初，主人想在这里盖一座以英国"花园城市"为模式的小城镇用于出售，最后只盖起了两幢房屋，其中一幢由F. 贝伦格尔设计，是高迪当年的住所，如今，已成了高迪博物馆。主人E. 古埃尔最终也选中了公园内的一幢古老的乡村房屋作为住宅，并请高迪和胡霍尔做了适当的改造。

公园的入口有一堵高大的石墙，顶部有用彩色釉面砖贴面的飞檐和墙垛，墙身上整齐而有规律地缀着带有"古埃尔公园"字样的瓷制浅浮雕装饰。建筑语言明白无误地向我们显示了浓厚的精英主义色彩和一种激进的反

↑ 3公园全景（摘自G. 柯林斯《A. 高迪》，纽约，1960年）

城市化理念。入口处有两个亭子，分别用于接待和员工休息，一座亭子在顶上设计了一个圆顶，另一座则冠以色彩绚丽的釉面砖装点的纯自然形的塔顶。入口大门之后是一组对称的大楼梯，楼梯上有一个人工瀑布，里面布满了民族的与远古的符号——加泰罗尼亚的旗帜、警醒的猛龙、神坛和生命之泉等。在一尊水仙女的雕像后面，一座台阶引向由多立克式圆柱支撑的“伊波斯蒂拉厅”。这座大厅原来准备用作“小城”的市场，但从一开始人们就称它为“庙宇”。这些高大的立柱呈大角度倾斜，柱身粗糙，柱头线条弯曲，飞檐奇形怪状，向人们传达了一种肃穆的返璞归真的意图。屋顶上有一个称为“希腊剧场”的硕大无比的平台，是俯瞰巴塞罗那市容和观赏大海的最佳位置。广场四周安置了一条波浪形的长凳，胡霍尔在长凳上镶满了加泰罗尼亚语称为“特伦卡迪斯”的碎瓷，茶具、水晶、玻璃、花瓶和碎瓶子的残片。长凳上镶嵌了隐喻圣母玛丽亚的图案，设计者利用这些废弃的材料来象征堕落与罪恶，寓意原罪的人们向上苍乞求救赎。

↑ 4 平台——希腊剧场（摘自 G. 柯林斯《A. 高迪》，纽约，1960 年）

然而，这些充满象征意义的城墙、大门、台阶、喷泉、庙宇和原罪剧场，都是公园的核心，周围遍布各种洞窟，地下通道纵横，水旱桥交织。所有这些元素都由倾斜扭曲的墙面、墙垛所包围或支撑，故意表现一种怪诞与粗野的风格。建筑构件被转换成种种意想不到的形式——各种形状的石柱，有的像图腾，有的是阿特拉斯柱，有的像女性的肢体，有的则像是木化石，等等。通过这种种形象，高迪向观众也向他自己呼唤圣母的存在，呼唤她那万物之源的神圣。

事实上，古埃尔公园大大超越了其“花园城市”的初衷，并因此而获得了象征性的重大意义：这里是加泰罗尼亚的土地，在它的中心有阿波罗神庙和帕纳苏斯山泉，那里是世界的中心。*（J. J. 拉韦尔塔）*

↑ 5 列柱大厅（摘自 C. 弗洛雷斯《当代西班牙建筑》，马德里：Aguilar 出版社，1961 年，F. C. 罗卡摄影）

↓ 6 入口处的亭子（摘自 G. 柯林斯《A. 高迪》，纽约，1960 年）

第 4 卷

环地中海地区

1920—1939

16. 圣巴尔托洛梅教堂

地点：塔拉戈纳，西班牙
建筑师：J. M. 胡霍尔
设计/建造年代：1918—1923

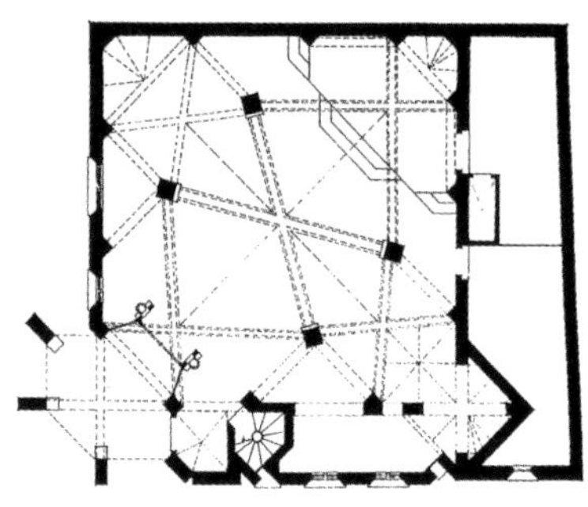

↑ 1 底层平面
← 2 内景

J. M. 胡霍尔的作品多位于乡村，投资有限，但它们都很受欢迎，并且与巴塞罗那小资产阶级主张的中心主义与表现形式大相径庭。这种非中心性和边缘性让胡霍尔充分继承发扬了已被当时的巴塞罗那所不容的高迪的设计风格，使他的作品可以沿着高迪的道路发展下去，而这条道路一度被认为不合时宜，与巴塞罗那的环境格格不入。圣巴尔托洛梅教堂就是这方面的一个代

↓ 3 剖面
→ 4 外观

↑ 5 鸟瞰

（图 1、图 3 摘自 J. L. 马特奥编《建筑师 J. M. 胡霍尔，1879—1949》，巴塞罗那：Gili 出版社，1989 年；
图 2、图 4、图 5 摘自 V. 利克特里金、R. 萨里斯特《J. M. 胡霍尔》，A. 冯·艾克作序，鹿特丹：010 Publishers 出版社）

表性实例。实际上，这个教堂完全是公众创导的结果，所需的资金和建筑材料都由塔拉戈纳省的比斯塔韦利亚的居民自筹，他们把建造教堂的工作当成了一项集体的事业，从一个侧面反映出了一个无差别的集体主义社会的理想。

教堂几近正方形，平面的中心是一个穹顶，这源于高迪对拜占庭教堂的神性空间的体验，尤其是把高迪在一年前设计建造在巴塞罗那郊区的古埃尔侨民教堂作为原型。通过对门廊的偏心处理和支撑中央穹顶及外部尖塔的四根壁柱，胡霍尔在十字平面的对角线方向和立面上为教堂的窄小空间带来了丰富的表现力，同时也在投资拮据的情况下，达到了不均衡的比例的庄重感。

建筑的室外使用了毛石墙面，表达了建筑对场所精神的延续，也表达了教堂与所处的环境和公众之间所存在的连续关系。教堂中央的尖顶通过复杂的形式集中展现了建筑在垂直方向的体量，也以高迪的方式隐喻了圣山的主题。*（J. J. 拉韦尔塔）*

17. 圣家族大教堂

地点：巴塞罗那，西班牙
建筑师：A. 高迪
设计/建造年代：1883—1926（未完成）

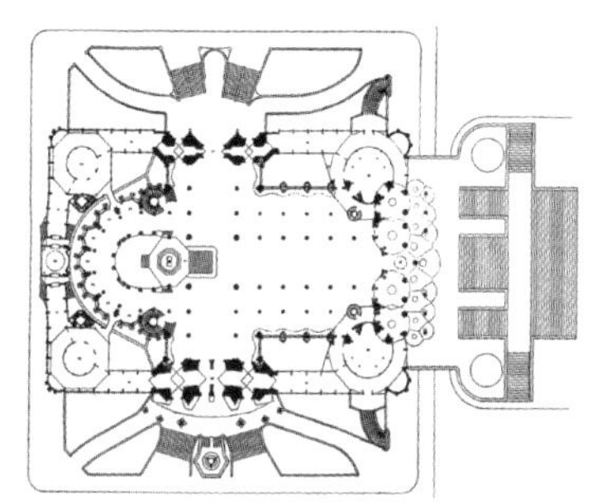

← 1 底层平面的最终设计
↓ 2 细部一

当高迪接受设计建造圣家族大教堂的任务时，该教堂已在建筑师F. 德尔·比利亚尔的带领下开始动工兴建了。设计的初衷是建造一座中等规模的、完全传统化的新哥特式教堂，是一个崇尚教皇集权主义的宗教团体——圣何塞信徒社拥有一座“最高峰”式的殿堂的理想。在高迪手中，设计规模有所扩大，变成了在规模上、在政治思想和意识形态领域都颇具重要性的

一座建筑，并最终成为巴塞罗那市的一个标志。

起初，高迪的任务似乎就是完成已动工的教堂的地下室，但他对地下室的设计进行了改动，移走了原先通向地下室的通道，代之以一个假的室内回廊和一个室外的水沟，以此实现了对教堂建筑彻底的改建：在高迪的手中，原先构思的新哥特式的古老教堂应当变成哥特式和拜占庭综合的风格，新的教堂应该以一个方形的中心为基础，发展出一个十字形的平面，并在建筑顶端设立一组塔顶，或更确切地说，是一组尖顶，通过不同高度、形式与风格的组合达到“梅花簇”式的效果，而密集排列的柱子则可作为对哥特结构的一种理想化的自由发展。在建筑的室内，钟楼、尖顶与塔楼相应地形成环绕着中间高峰的群山的意象，以隐喻加泰罗尼亚的圣山——蒙塞拉

← 3 全景一
↑ 4 全景二
→ 5 细部二
↓ 6 横剖面的最终设计

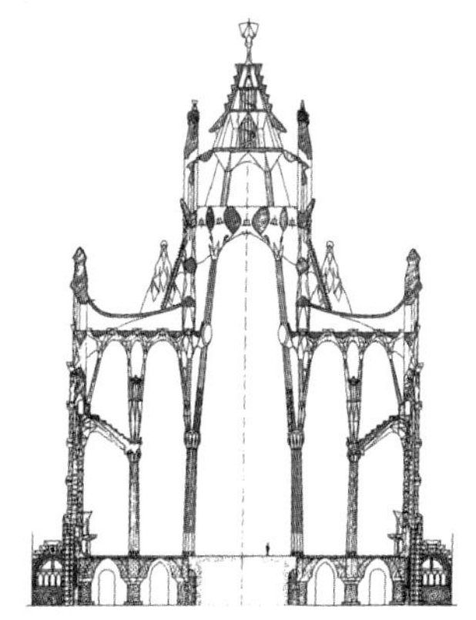

特山。

随后，高迪放弃了他对建筑整体的关注，转而把注意力集中到了建筑的一个立面，即基督诞生门一侧。四座尖塔自信地直冲云霄，不仅形成了建筑本身的圣门般的形象，而且还担当了巴塞罗那所有宗教建筑大门及屋顶天际线的主角，同时它还为所有的绝望者提供了一种赎罪意识的物化，而教堂的建造也正是为他们服务的。事实上，就是集中力量修建其中的一座大门——基督诞生门，使这座门远远高出了巴塞罗那市所有教堂的大门和房屋的屋顶，就像一座神圣之门在聆听其他大门的忏悔，为所有的绝望者提供了一个赎罪的场所。实际上，圣家族大教堂，或更确切地说这座孤寂的大门，以及它高大无比的尖塔，作为对圣灵诞生的象征向所有的巴塞罗那人宣告了它的存在，它是一座永恒的圣坛，随时期待着公众的朝拜。大约从1914年起，高迪几乎谢绝了所有的委托任务，全身心地投入圣家族大教堂的设计与建造之中。在高迪生命的最后岁月里，他隐退在这座教堂的一个工作室内，甚至住到了设在教堂里的工作间。高迪用这种方式，诠释了他的人生信条：一个终极的建筑师生活在一座终极教堂脚下的居室内，安度余生。

不幸的是，高迪死后，圣家族大教堂继续修建，时至今日，已经完全失去了它初始的意义。随后的建造以一种极尽荒诞的方式来进行，其成果演变成了一种对烦琐装饰的品位恶俗的大规模堆砌，命中注定是要被谴责的。除了引发人们无限的遗憾外，就只能成为旅游和赚钱的场所。*(J. J. 拉韦尔塔)*

← 7 全景三

↑ 8 细部三

→ 9 尖塔

↓ 10 教堂的尖塔是高迪晚期最后的设计之一，用烧制的陶瓷和威尼斯玻璃作为材料

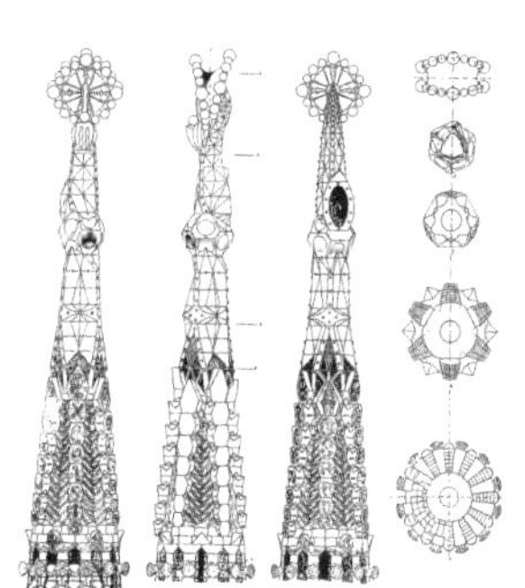

（图1、图6、图10摘自J. J. 斯威尼、J. L. 塞特《A. 高迪》，斯图加特：Verlag Gerd Hatje出版社，1960年；图2、图3、图9摘自C. 弗洛雷斯《当代西班牙建筑》，马德里：Aguilar出版社，1961年；图4摘自G. 柯林斯《A. 高迪》，纽约，1960年）

18. 内格雷别墅

地点：巴塞罗那，西班牙
建筑师：J. M. 胡霍尔
设计／建造年代：1915—1926

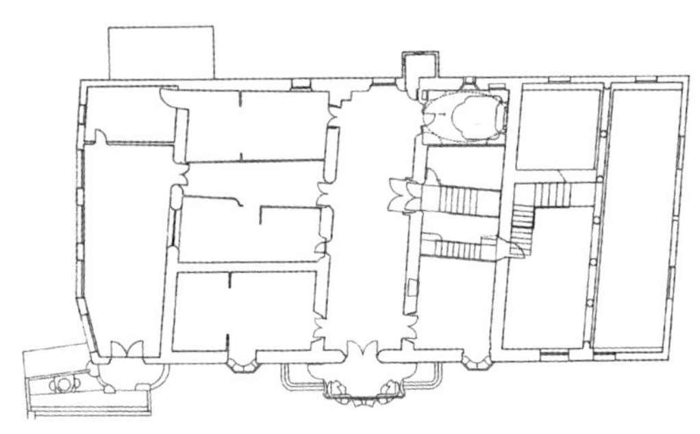

↑ 1 入口层平面（摘自 J. L. 马特奥编《建筑师 J. M. 胡霍尔，1879—1949》，巴塞罗那：Gili 出版社，1989 年）

↑ 2 内景（摘自 V. 利克特里金、R. 萨里斯特《J. M. 胡霍尔》，A. 冯·艾克作序，鹿特丹：010 Publishers 出版社）

内格雷别墅是一所古老的乡村巨宅，胡霍尔在接受了对其进行改建的任务后，在长达十年的时间里，围绕着两个原则对它做了无论在设计思想还是设计风格上都堪称典范的改造：一是大力推崇手工工艺，以精湛的手工操作反对任何形式的基于理智的抽象；二是对流行的巴洛克建筑形式的继承、变形与探索，这种形式遍布于加泰罗尼亚地区的教堂和住宅建筑中，出现在立

↑ 3外观（摘自V. 利克特里金、R. 萨里斯特《J. M. 胡霍尔》，A. 冯·艾克作序，鹿特丹：010 Publishers出版社）

面上，在圣坛上，在神像上，在金银器皿、绘画和装饰上等。

别墅的正立面，用了拉毛粉刷，似乎是一个个镜框，又像是18世纪的涡卷形边框，外面是一圈窗户和阳台。胡霍尔在这面墙上设计了一座洛可可式的廊台，让人联想起古代的马车。灰泥抹面的廊台上遍布着夸张变形的小型祭坛、神像、金银手工艺品及各种图案。这看似重叠杂乱的廊台、立柱和墙上的粉饰与顶部的波浪形檐口、绵延柔和的飞檐在风格上得到了统一。

↑ 4 细部（摘自 J. L. 马特奥编《建筑师 J. M. 胡霍尔，1879—1949》，巴塞罗那：Gili 出版社，1989 年）

↓ 5 剖面（摘自 J. L. 马特奥编《建筑师 J. M. 胡霍尔，1879—1949》，巴塞罗那：Gili 出版社，1989 年）

别墅内部一间间单独的房间，包括楼梯间和祈祷室，被胡霍尔用物品或装饰物分割成许许多多的小空间。这些物品，有些是胡霍尔从各地搜集来的，有些是他自己设计的，还有些是老房子里原来就有的，但风格一致，被天衣无缝地融合在一起。这种处理与当时前卫派的拼贴艺术毫无关系。事实上，胡霍尔通过这些怪异的造型、重叠的放置和迥异的物品想表达的并不是支离破碎的世界，而正好相反，是一个建立在对所有罪过的忏悔基础上的重新整合的完美的世界，是一个神圣的统一体。在这一过程中，建筑师兼艺术家扮演着布道者的角色，他以对事物的整合作为自己的意志，以超凡的热情来实现美好的理想。*（J. J. 拉韦尔塔）*

19. 特里斯坦·查拉住宅

地点：巴黎，法国
建筑师：A. 路斯
设计/建造年代：1925—1926/1926—1927

达达派诗人T. 查拉的这幢住宅坐落在蒙马特尔的山坡上，前面有一片台地。住宅的主入口比花园低两层，面临低一些的朱诺大街的北侧。入口以上的两层面向街道，是出租的公寓部分，以半公共性的花园作为入口。业主自用的居住单元位于顶上朝南的几层，从那里可以观赏巴黎的市容。

通过被称作空间布局的方法，路斯在这幢住宅中创造了20世纪最复杂的空间组合之一：两套完全独立的居住单元在各楼层上相互咬合，内部房间的大小和高度各不相同。错

↑ 1 外观

层的设计和房间之间水平向和竖直向的连通造就了生动活泼的室内气氛。与室内的动感变化形成对比的是建筑的外观，它在街边形成了一个完全对称的、几何形体量单一的立面。建筑外观是一个石砌基座上的白色方盒子，重量由四面的外墙承载。遗憾的是建筑没有建造到最初设想的高度。住宅朝向公共街道的一面是相对平静的，而在私家花园一侧则有一些平台，富于变化和个性。*（A. 沃多皮韦茨）*

← 2 正立面外观
↑ 3、4 内景

（照片由阿尔贝蒂娜提供）

20. 蒙齐别墅

地点：加尔什，法国
建筑师：勒·柯布西耶与 P. 让纳雷
设计 / 建造年代：1926/1927

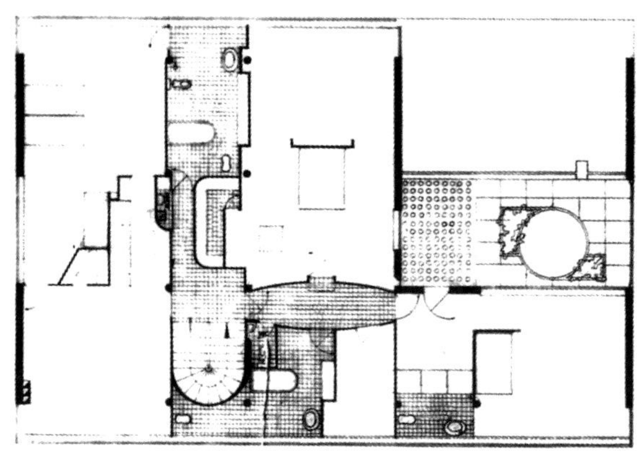

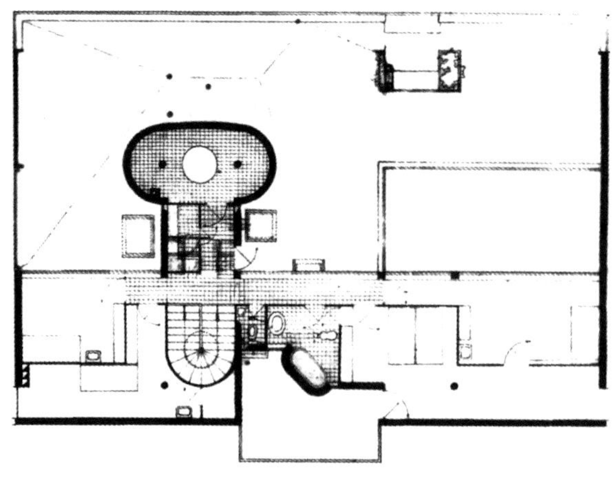

↑ 1、2 平面

蒙齐别墅代表了传统（甚至是帕拉第奥式的）别墅的现代主义版本。它位于城市周边绿化带内的一个平静的地块上，可以说是建筑史上生动的一课，讲述了现浇钢筋混凝土技术和它的建构逻辑。

整个住宅由外墙和内部的16根柱子支承。这为室内带来了开敞的空间，使各层房间可以灵活布局，这在传统的砖石结构建筑中是无法做到的。底层除入口以外还安排了服务用房，二层是起居空间，带有大面积的室外平台。三层是卧室，屋顶平台上还有一个花园。

↑ 3 带有面向花园的宽敞露台的南立面。勒·柯布西耶应用他所创造的自己发明的“基准线”和黄金分割作为南立面构图的基本体系。为此，他将地下室平台楼梯抬高（S. 吉迪翁摄影，苏黎世高等工业大学建筑历史与理论研究所档案室提供）

→ 4 纵剖面和横剖面

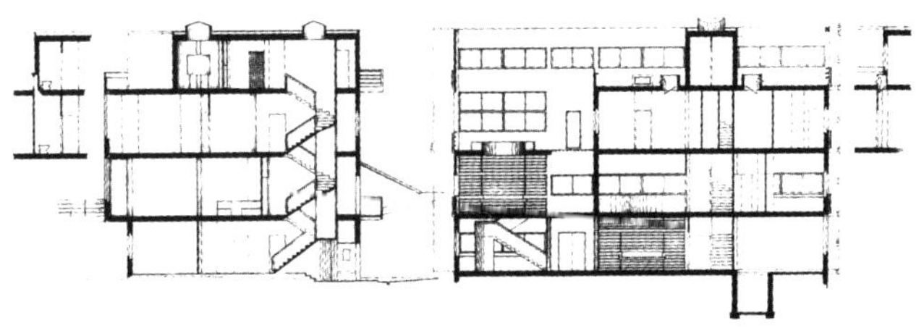

↑ 5 沿街的北立面外观。全部建筑构件的精确几何化为建筑带来了高贵的性格，这种几何化是以柯布西耶创造的“基准线”和黄金分割系统为基础比例的（S.吉迪翁摄影，苏黎世高等工业大学建筑历史与理论研究所档案室提供）

→ 6 勒·柯布西耶亲手画

（图和照片经勒·柯布西耶基金会许可使用）

基于钢筋混凝土构造的可能性，勒·柯布西耶创立了一种全新的建筑——没有重复的楼层平面和厚重的外墙。在加尔什的这座别墅中，他实现了著名的新建筑五点法则中的四点：除了前面介绍过的开放式平面和屋顶花园外，他还设计了完全自由的立面和大面积的带形窗。别墅的南立面是带形窗表现得最为充分的地方，别墅在此通过大面积的玻璃窗向花园开敞，同时还带有宽敞的露台。*（A.沃多皮韦茨）*

21. 菲亚特汽车厂

地点：都灵，意大利
建筑师：M. 特鲁科
设计/建造年代：1915—1928

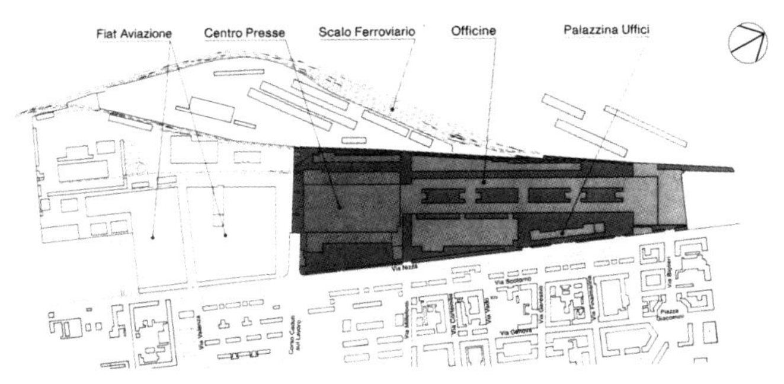

弗兰姆普敦曾经指出，在20世纪第一个十年里，由于A. 佩雷、H. 绍瓦热等人的努力，钢筋混凝土框架结构已经成为了一种标准的建筑技术。“……从此以后，这方面的主要进展都是在应用的尺度方面和对结构元素的表现力方面。”当时的混凝土平屋面已经能够承受动荷载的振动。M. 特鲁科的这座占地40公顷的菲亚特工厂（1915年开始设计建造）就具有这种表现力，屋面

↑ 1 总平面
↑ 2 1500米椭圆形车道

↑ 3 外观全景

上有汽车的试车道，展现了“工程师的美学和建筑”，被认为“在建筑语汇上与同时期的勒·柯布西耶的多米诺房屋的方案不谋而合”。(CABP)

↑ 4 沿街景观
↑ 5 内院一

参考文献

Frampton Kenneth, *Modern Architecture, A Critical History*, 3rd ed., London: Thames and Hudson, 1992, pp. 39, 152.

↑ 6 工厂大楼

↑ 7 测试后组装运输区

→ 8 董事会议室

→ 9 三层“车道”
↓ 10 内院二

（图和照片由菲亚特汽车厂历史档案室提供）

22. E. 1027 住宅

地点：罗克布吕讷，法国
建筑师：E. 格雷与 J. 伯多维奇
设计/建造年代：1929

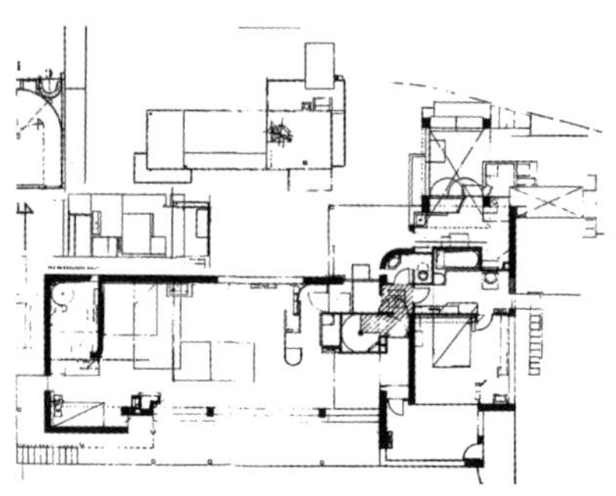

← 1 平面
↓ 2 浴室细部（A. 欧文摄影）

E. 1027住宅是这两个建筑师为他们自己设计的，建筑师从中表现了一种经过提炼的室内美学，这种美学来自巧妙地将异域情调、民间装饰和机器时代的风格结合在一起，同时也来自对日常私密生活的敏感。受东方建筑的启示，E. 格雷在室内设计了移门、模数化的木制品、用皮革装潢的轻型座椅、光洁的表面和织物。这所住宅显示了一种对视觉环境的轻松而又灵活的

↑ 3 自然风景中的建筑正立面

控制，这是人类细腻的感情与空间以式样和功能主义设计来驾驭的表现。

参考文献

William J. R. Curtis, *Modern Architecture since 1900,* Phaidon, 1996, p. 265.

↑ 4 卧室内景
← 5 餐厅壁龛

（图和照片由蓬皮杜中心档案室提供）

23. 巴塞罗那博览会德国馆

地点：巴塞罗那，西班牙
建筑师：密斯·凡·德·罗
设计/建造年代：1929（同年被拆除，1986年重建）

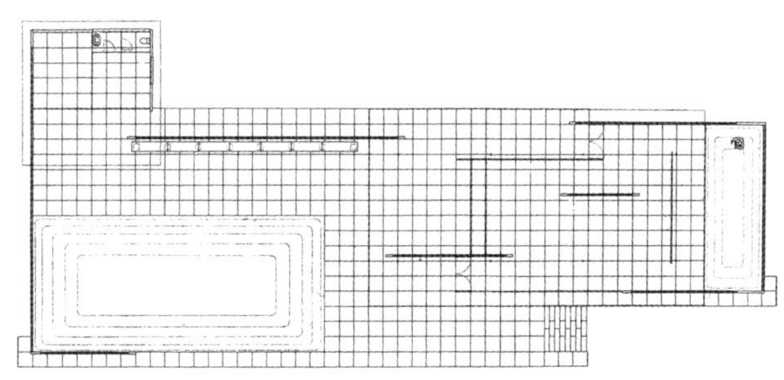

密斯·凡·德·罗在1927年担任斯图加特德意志制造联盟展览的协调人和建筑师，当展览取得成功一年之后，德国国会议长E. 冯·施尼茨勒委派他作为巴塞罗那国际博览会德国馆的艺术总监。巴塞罗那国际博览会是传统的大型国际博览会之一，这项任务给了建筑师一个不可多得的极好机会来实现他的设计理想。

↑ 1 德国馆重建平面
↑ 2 内景一

密斯选择了钢结构，八根在凸出部分拧紧的支

↑ 3 内景二

柱共同支撑一个钢制的屋顶板。整个德国馆的建筑不仅形象地展示了新型的建造方法，它更多的是将建筑艺术和建筑技术有机地融合在一起，使之成为一个绚丽的、几乎是巴洛克式的艺术精品。

↑ 4、5外观

与闪闪发亮的镀铬支柱相得益彰的是展览馆内的墙板，它们不起承重作用，只是将展览馆分隔成不同的空间，墙板或由带有精美纹理的大理石制成，或由细纹理的通高玻璃构成。玻璃的颜色和质地在苹果绿透明玻璃、乳

↑ 6 内景三

← 7 十字形柱子。康特拉多・洛汉事务所的藤川为1979年的华盛顿特区巴塞罗那博览会回顾展而作（经纽约现代艺术博物馆许可使用）

↑ 8 从室内看雕塑
↓ 9 内景四
↓ 10 德国馆重建的剖面和立面

（图 2、图 3、图 5、图 6 由 M. 豪泽博士摄制，柏林 / 苏黎世；图 1、图 4、图 8、图 9、图 10 由密斯基金会提供）

白色不透明玻璃和鼠灰色镜面玻璃之间交相辉映。在玻璃墙板和天鹅绒幕布之间，一块黑色的羊毛地毯勾勒出展馆空间中心的位置，它那极具魅力的不对称性使人过目难忘。

密斯行云流水般地在建筑内实现了自由导向、空间流通以及室内外空间的丰富变幻，诸多的论文对此都分析良多。尔后在捷克布尔诺市的图根哈特住宅中，密斯进一步发展了这种理念。（M. 豪泽）

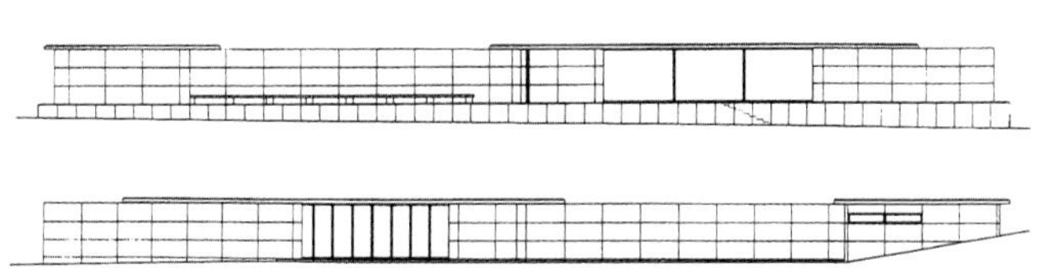

24. 萨伏伊别墅

地点：普瓦西，法国
建筑师：勒·柯布西耶与 P. 让纳雷
设计 / 建造年代：1931

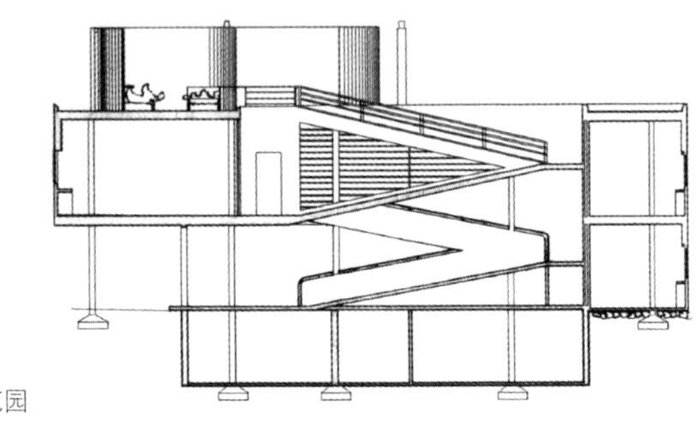

→ 1 剖面
↓ 2 屋顶花园

勒·柯布西耶将萨伏伊别墅描绘成一个"浮现在果园草坪晨雾之中的方盒子"。业主萨伏伊委托柯布西耶将这座别墅设计成一个周末度假别墅与家居住宅的组合体，这为柯布西耶的设计提供了基本出发点。别墅底层的半圆形勾勒出一辆巨大的汽车在转向时画出的最小转弯半径。这一交通的主题进一步沿着一个大坡道延续到二层的起居室和屋顶花园。在坡道蜿蜒而上的途

↑ 3 全景

← 4 底层平面

→ 5 地下室平面

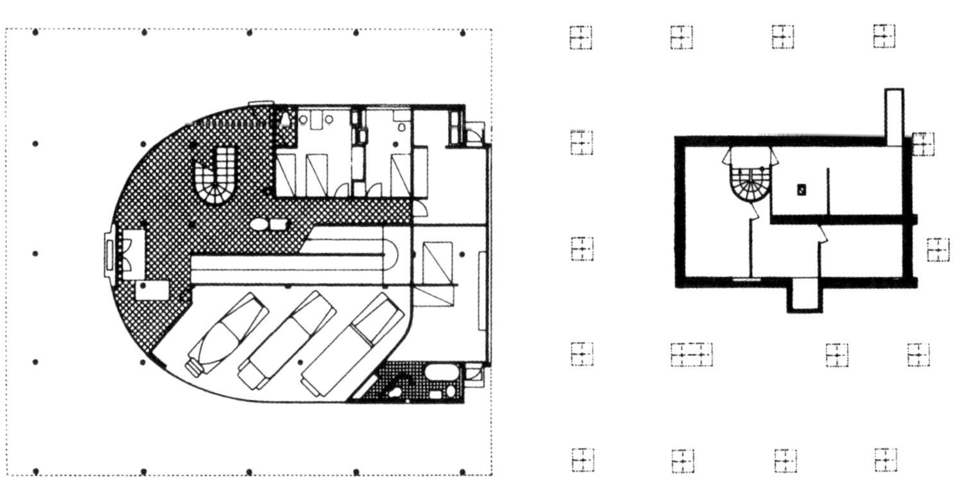

↑ 6 主起居室

↓ 7 坡道边沿的过道

中，整个住宅组成了一系列变幻的景观，形成了建筑师本人所说的“漫步式建筑”。

萨伏伊别墅综合了勒·柯布西耶五年来所发展的建筑理念和方法。底层的独立支柱、横向带形窗、屋顶花园、“自由平面”与“自由立面”反映了他在1926年所提出的新

建筑五点法则。勒·柯布西耶认为房屋是一架“居住的机器”，别墅的功能在外观上的体现以及具有特征的建筑要素的运用正是源于建筑师的这种理解。从美学的角度来看，别墅显然也受到了“机器时代”，如蒸汽轮船的影响。同样，勒·柯布西耶在此也坚持了他在绘画方面纯粹主义的、柏拉图式的美学信条。

萨伏伊别墅是对现代生活方式充满诗意的一种诠释，同时也是建筑师对古典时代的一种典雅的借鉴，是“呈献给住户的一首维吉尔风格的牧歌”。

（M.-T. 斯托弗）

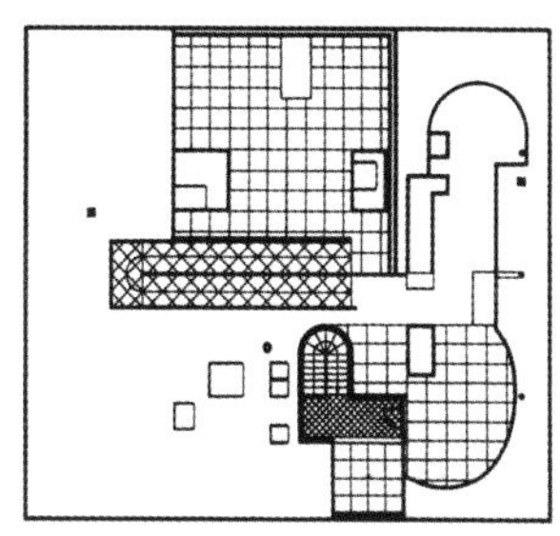

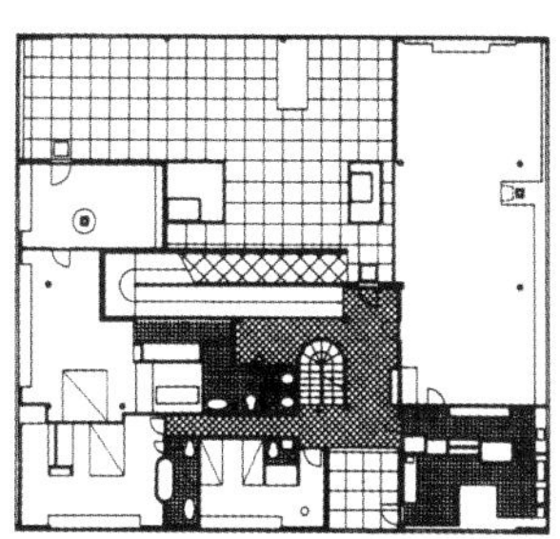

↑ 8 厨房

↑ 9 屋顶花园平面

→ 10 二层平面

（图和照片由苏黎世高等工业大学建筑历史与理论研究所档案室提供；照片由M. 格拉沃摄制，经勒·柯布西耶基金会许可使用）

25. 卢布尔雅那的三联桥

地点：卢布尔雅那，斯洛文尼亚
建筑师：J. 普列茨尼克
设计/建造年代：1929—1931/1931—1932

↑ 1 细部

三联桥是由建筑师J. 普列茨尼克对一座原有的古典石桥加建两座步行边桥而形成的。普列茨尼克在布拉格的马内斯桥上看到了类似的做法。因而，他设法保留了1842年建造的老桥，当时它已经显得太狭窄，无法满足城堡山下的旧城与河对岸的新市中心之间的交通需要了。两座新的步行桥并不与老桥平行，而是在旧城方向与老桥交会，向新城方向呈扇形展开，引向宽阔的普勒瑟伦广场，再从那儿通向新的市中心。步行桥的跨中放宽，设有通向河两岸较低平台的楼梯，这

↑ 2 鸟瞰（D. 加莱摄影）

造成了一种典型的河上拱门的形象，让人联想到威尼斯的情景。通过使用同样材质的扶手和同样的路灯台，普列茨尼克把三座桥的外观统一了起来。

三联桥的设计充分体现了普列茨尼克把握空间概念的能力。他以建筑的构件来表现城市空间，同时又以城市空间的概念来约束建筑构件的设计，从而每一个建筑的作品同时也是一件城市性的作品。他的每一项设计都能自圆其说，都是他对空间个性化的诠释。*（A. 沃多皮韦茨）*

↑ 3 正面景观（S. B. 坎杜斯摄影）
← 4 侧面景观（S. B. 坎杜斯摄影）

26. 卡尔·马克思学校

> *地点：维勒瑞夫，法国*
> *建筑师：A. 吕尔萨*
> *设计/建造年代：1933*

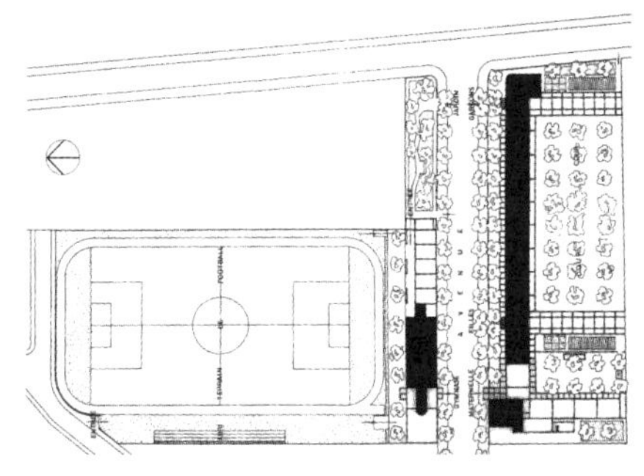

↑ 1 总平面
→ 2 建筑外观（摘自《现代建筑》，1933年3月）

从很多方面讲，卡尔·马克思学校体现了一种民主的性格，这种性格不仅仅来自共产主义的权威以及它所制定的新的社会关系准则，同时也要归功于设计竞赛获胜者A. 吕尔萨的努力，是他把新的设计思路和建造方法融入了学校的内部组织和外观设计当中。

这座建筑是为一所幼儿园和一所学校而设计的，在这所学校里男生和女生彼此分班。它不仅拥

有一般学校所没有的设施，如医务室、体育馆、室外表演剧场（可以兼用作电影院）等，淋浴和热风干手器等设备的使用则反映了建筑超过一般工人阶层生活的标准。

对称与通透是主导整个设计的原则，学校沿街一侧是一长条舒展而又通透的体量，与对面布置紧凑的体育馆形成对比。严整的几何构图与低矮的幼儿园部分和环绕在运动场周围的回廊在庭院一侧接合。吕尔萨在这个设计上应用了他不久前在《建筑学》（1929年）一书中所阐述的新建筑语汇，对每个不同的空间都赋予特定的功能，各空间之间彼此独立地组合在一起。屋顶平台用作学生的日光浴场，柱子中间的空间用作室内运动场，而在南侧和东侧的带形窗则把充足的阳光引入教室内部。*（K. 弗赖）*

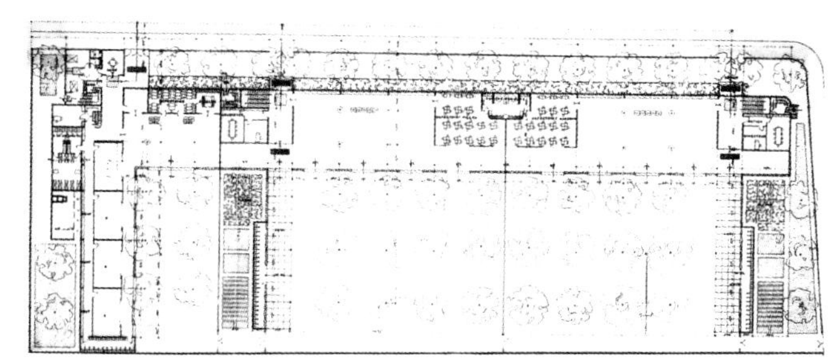

← 3 鸟瞰
↑ 4 底层平面
↓ 5 剖面

［图和照片由国家档案馆/法国建筑学会（AN/IFA）提供］

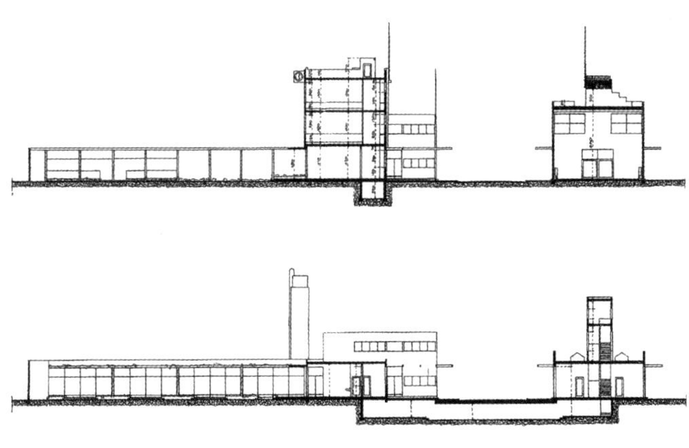

27. 水晶屋

地点：巴黎，法国
建筑师：P. 夏洛和 B. 比沃
设计 / 建造年代：1927/1928—1931

↑ 1 外观局部

虽然业主两代人之间对该住宅的建造有着不同的想法，但有一点是共同的，即业主J. 达尔萨斯和A. 达尔萨斯的父亲将拥有位于纪尧姆大街上的老宅“私家府邸”及邻近的一块地产。这样，最初的建造一所二层出租用住宅的方案就被一个彻底的改建计划所取代。

建筑师P. 夏洛运用工业化的技术手段将这座沉重的、坚固的老房子改造成了一座轻盈的水晶宫。钢柱的运用使房子的楼层高度和平面可以灵活布置。房子的结构骨架虽然全部裸露在外，带有冷

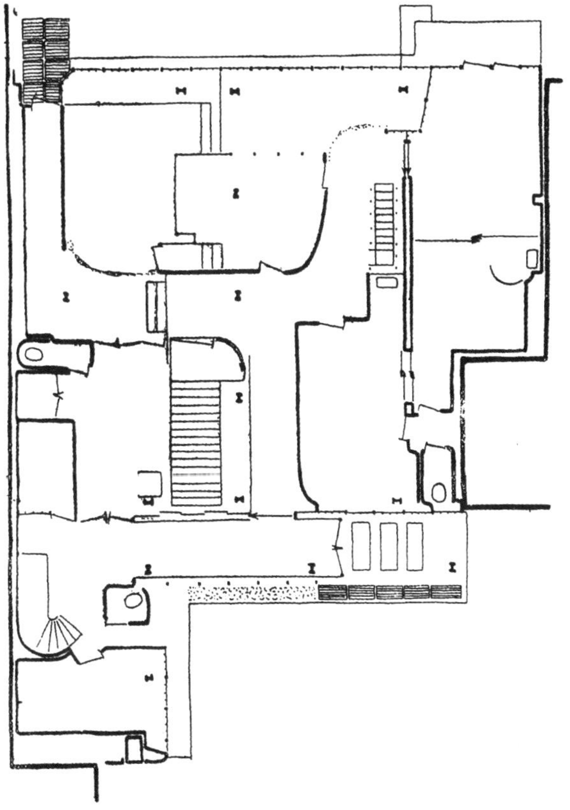

↑ 2 内景

← 3 底层平面

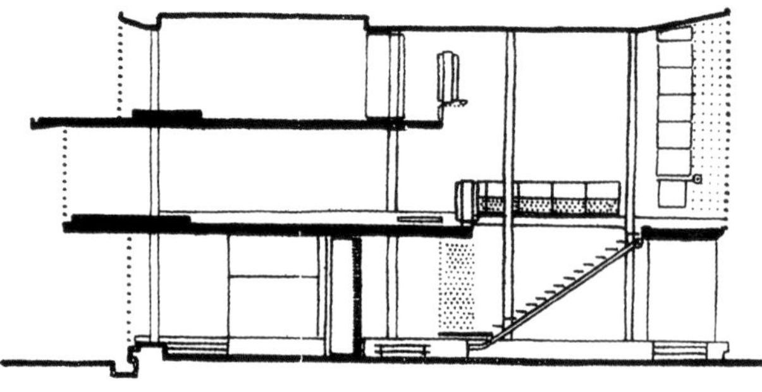

↑ 4 建筑师工作室内景

← 5 剖面

漠的审美取向，但室内空间仍不失舒适，流露着小资产阶级的生活情调。同时，屋内华丽的家具——其中一部分是由夏洛亲自设计的——以及A. 吕尔萨的挂毯和J. 利普谢茨的雕塑都使得房间熠熠生辉。

这座富有传奇色彩的水晶屋位于市中心一处安静的院内，但同时与街区的生活也保持着密切的联系，住宅室内室外都散发出晶莹剔透的气质。F. 吉罗在1973年拍摄的电影《地狱三重奏》使它成为轰动一时的景观。在这部电影里，当主人们在沙龙里大摆宴席的时候，女仆却摔死在院子里，尸体就落在玻璃幕墙的边上。（M. 豪泽）

↑ 6 内景一
→ 7 内景二

（图和照片由蓬皮杜中心提供，照片由G. 梅古迪钦摄制）

28. 新圣母玛利亚火车站

地点：佛罗伦萨，意大利
建筑师：托斯卡纳设计小组（F. 米凯卢奇，N. 巴罗尼，P. N. 贝拉尔迪，I. 贞贝里尼，S. 瓜涅里，L. 卢萨纳）
设计/建造年代：1932—1935

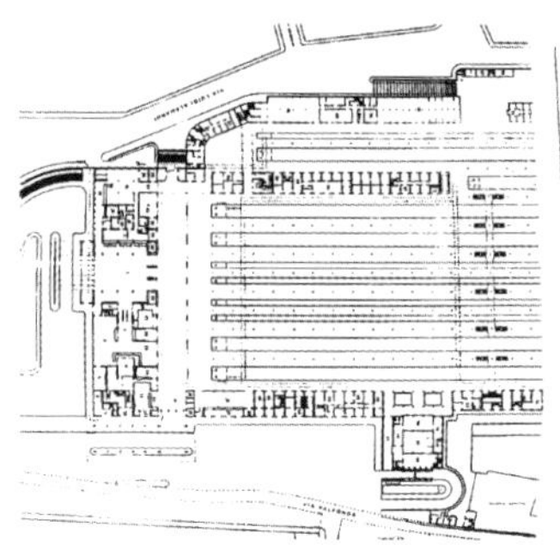

← 1 主楼层平面
↓ 2 主候车室
→ 3 外观（卢基摄影）

原先由建筑师A. 马佐尼设计的建筑方案刚刚准备开始建造，就被一次设计竞赛推翻了。托斯卡纳设计小组提交的这个尚有争议的设计方案以其独到的现代风格脱颖而出。该方案与功能要求相吻合，整个建筑由一个巨大的由钢结构支承的站厅、附属的车站设施和一个狭长的候车厅组成。入口大厅高12米，通过一个用不透明的玻璃天棚采光的售票大厅与外侧的建筑相

PIRELLI

连。建筑物的外立面用粗糙的天然石料装饰，而室内的装饰不仅色彩缤纷，而且用材丰富，有石料、各种金属和散发出几近虚幻的白色灯光的不透明玻璃顶棚。在贵宾候车区，装饰材料更为贵重，而细部造型也更加精美，它的外立面上的大理石装饰打破了整个建筑物的水平向体量。

整个建筑运用了大胆的理性主义设计元素：如极不对称的布局，入口处的雨篷，以水平体块为主的构图，乘客流线的完全功能化等，实际上是对一些传统的经典元素的物化与综合，这些经典元素在米凯卢奇设计的维亚雷焦市的巴尔内阿勒火车站以及罗马大学城的建筑中都曾出现过。（M. 马丁）

↑ 4 6号及7号站台（佛罗伦萨的巴尔索蒂摄影）
↑ 5 主要通廊（卢基摄影）

（图和照片摘自《佛罗伦萨的新车站》，《结构与建筑》）

29. 鲁斯蒂奇住宅

地点：米兰，意大利
建筑师：G. 泰拉尼和 P. 林杰里
设计 / 建造年代：1933/1935—1936

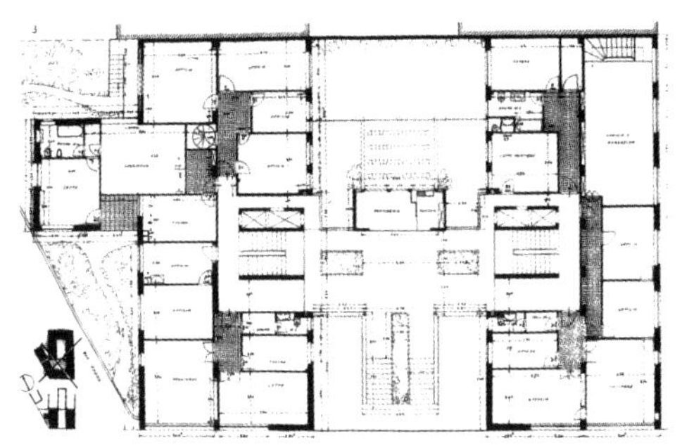

1 底层平面
2 屋顶平台

鲁斯蒂奇住宅位于米兰森皮奥内大街，是泰拉尼和林杰里在米兰设计的五幢居住建筑中最为豪华，也是在城市规划方面最具创造性的一幢。面对建筑所处的梯形地块，建筑师决定不采取传统的沿街道围合院落的手法，而是设计了两个平行的、与大街垂直的现代形式的体块，并把它们结合到周围已有的建筑群中。在正立面上，两个体块之间通过长条的阳台连接在一起，

↑ 3外观（A. 萨尔托里斯捐赠，瑞士洛桑联邦高等理工大学建筑系现代建筑档案馆提供）

造就了一种古典的、对称立面的形象。

六层大楼的屋顶通过一个天桥连接，上面是业主的别墅。

这一方案是对建筑法则的一个极具创新而又大胆的诠释。一方面，它体现了对现有的传统城市结构、建筑体量、街区和院落的尊重；另一方面，它又以一个独立的、自信的现代主义建筑表现了对一贯做法的背离。这样，20世纪建筑普遍存在的那种现代主义设计原则和传统城市结构之间的冲突，在此得到了化解。*（A. 沃多皮韦茨）*

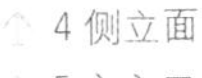
4 侧立面
5 主入口

（除署名者外，其余图和照片由意大利科莫的G. 泰拉尼基金会提供）

30. 萨尔苏埃拉宫跑马场看台

地点：马德里，西班牙
建筑师：E. 托罗哈，C. 阿尼切斯，M. 多米尼克
设计/建造年代：1934—1936

↑ 1 屋顶

在20世纪30年代中期E. 托罗哈在马德里建造了相当数量的作品，通过这些作品展示了他驾驭新技术、新材料，将建筑表达与形式整合统一的能力。E. 托罗哈在设计中追求的是在不改变原有建筑形式的前提下，通过运用先进的技术和新型的材料而达到结构上的独具匠心。20世纪30年代，他在两座建筑的设计上，将这种追求表现得淋漓尽致。其中之一是与建筑师S. 苏亚索共同完成的雷科莱托斯回力球场。E. 托罗哈设计的该球场的顶棚是由圆柱体组成的很薄的面板，

↑ 2 屋顶结构

↓ 3 立面

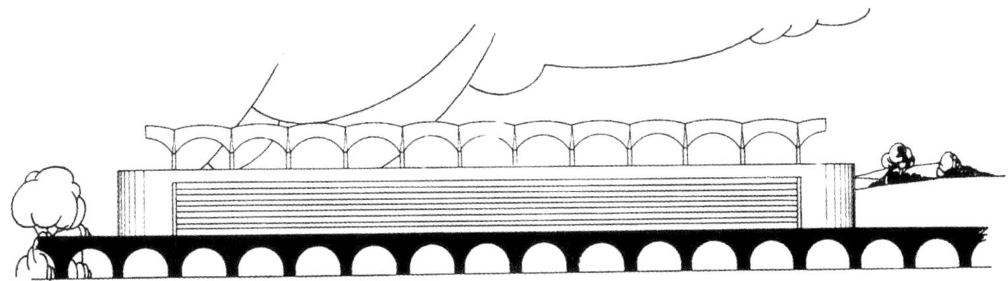

↑ 4 总体外观
↑ 5 侧面外观

（图 2、图 3、图 5 由 S. 德·卡斯克尔摄制；图 1、图 4 由 G. 莫亚摄制，摘自 C. 弗洛雷斯《当代西班牙建筑》，马德里：Aguilar 出版社，1961 年）

阳光可以从上方直接射入，用自然光解决了场地的照明问题。遗憾的是，在不久后爆发的西班牙内战中，这座球场受到严重毁坏，变得面目全非。

在同一时期的1934年至1936年，托罗哈与阿尼切斯和多米尼克合作设计萨尔苏埃拉宫的跑马场。跑马场建在一个缓坡地段上，这使得升起的观众席、下注房和赛马跑道等可以通过开放和连续的方式组织在一起。建筑最富特色的部分是观众席上的屋顶——一个极薄的、飘浮在空中的天篷。托罗哈通过对结构的不懈追求展现了结构、材料、功能和表现形式之间的完美统一，同时也通过这种努力展现了他对新的钢筋混凝土结构技术的综合运用能力，从而创造出一个堪称经典的作品。*（J. J. 拉韦尔塔）*

31. 军队之家（击剑学院）

地点：罗马，意大利
建筑师：L. 莫雷蒂
建造年代：1936

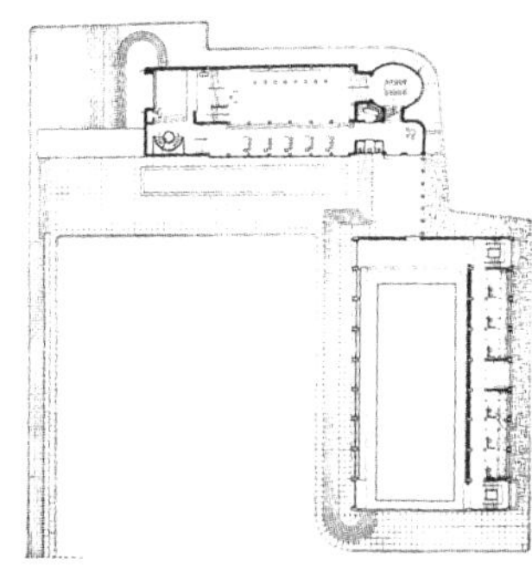

← 1 底层平面
↓ 2 建筑正面外观

这座军队大楼位于墨索里尼大院的最南端，墨索里尼大院是一大片开阔的运动场，从一个侧面反映了法西斯十分重视体育的宣传价值。

建筑由两个相互垂直的体块组成L形的构图，中间有一个连廊。位于前面的大楼是一座图书馆，底层是展廊，上面是工作区，它在朝向城市的一侧全封闭，但在朝向大院的一侧则使用大面积的玻璃。在连廊的尽端有一个

↑ 3 多功能大厅内景

↓ 4 剖面

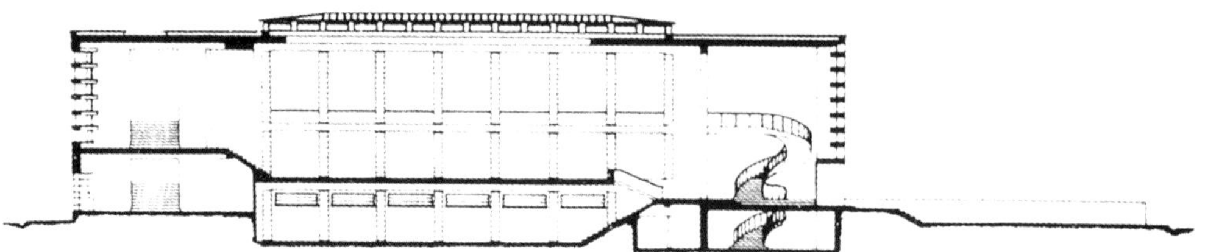

椭圆形的建筑，打破了狭长的构图。在后面一个相对矮而宽的大楼内，布置了多功能大厅和更衣室。横贯大厅还设计了两组曲线形的支撑，人们只能通过狭长的走道进入内部的房间。

两个大楼均以白色大理石挂板饰面，其严整的比例和锋利的洞口转角造就了冷峻的气质。在室内，充足的光线使大厅富有戏剧性的效果。

军队大楼是墨索里尼大院中最具建筑学价值的建筑。在这座建筑中，莫雷蒂把理性主义的原则与古典主义的外观结合了起来。由于个人关系的原因，莫雷蒂被任命为首席建筑师，为大院设计更多的建筑，以期创立一种新的表现风格。（M. 马丁）

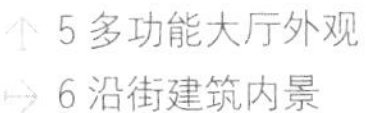

↑ 5 多功能大厅外观
→ 6 沿街建筑内景

（图和照片由国家中央档案馆、L. 莫雷蒂基金会提供）

32. 巴塞罗那廉租公寓

地点：巴塞罗那，西班牙
建筑师：J. L. 塞特，J. T.–克拉韦，J. B. 苏维拉纳
设计/建造年代：1936

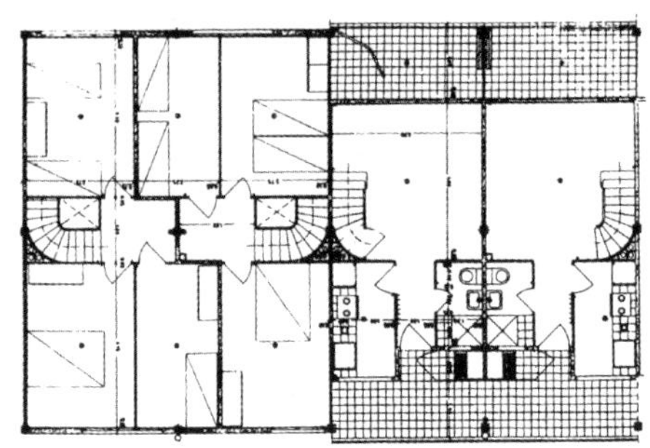

→ 1 标准单元平面
↓ 2 一套单元的轴测透视

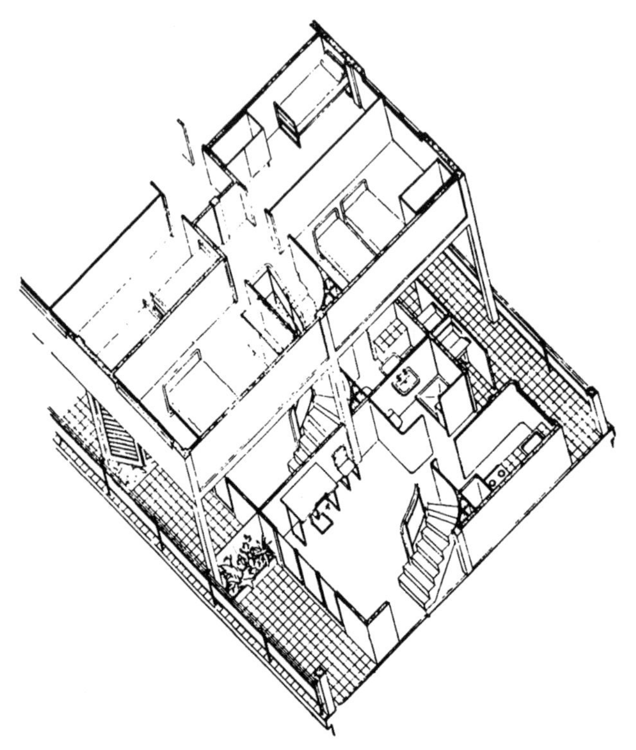

加泰罗尼亚建筑师和技术人员当代建筑进步集团（GATEPAC）是一个成立于20世纪30年代西班牙第二共和国时期的组织。当时，巴塞罗那的前卫建筑师们正筹办一本以《新法兰克福》为范本的刊物《加泰罗尼亚建筑》，借以组织宣传、展览等活动，同时也要设计大量的建筑，以配合加泰罗尼亚自治区政府在城市发展和工人住宅方面的政策。在以此目标实现的作品中，最重要的

↑ 3 从街对面学校屋顶看公寓建筑群

↑ 4 鸟瞰

［图 1、图 3 摘自 K. 巴斯特隆德、J. L. 塞特《建筑，城市规划，城市设计》，S. 吉迪翁作序，苏黎世：Verlag für Architektur（Artemis）出版社，1967 年；图 2、图 4 摘自 C. 弗洛雷斯《当代西班牙建筑》，马德里：Aguilar 出版社，1961 年］

就是马西亚广场，这是一个与勒·柯布西耶合作的项目，反映了要求巴塞罗那沿功能城市道路发展的目标。该项目中的一个重要部分就是以勒·柯布西耶的“居住联合体”概念为模式的住宅，它用大的体量取代传统的城市住宅形式。这其中第一个得以建造的就是由塞特、J. T.－克拉韦和苏维拉纳为加泰罗尼亚自治区政府住宅署设计的廉租公寓，它被看作新工人阶级住宅的原型。建筑就像其范本“居住联合体”那样呈S形布置，入口和垂直交通设在转角处，住宅单元则以标准单元的形式在建筑长向上重复，从侧面解决采光和通风，通长的走廊或挑廊解决水平的交通。住宅体量之间的空间用作公共设施，如幼儿园、厨房、文娱活动、交往空间和商店等。这一住宅区的建设并未因西班牙内战而中断，而是持续到了战后直至建成。它所处的圣安德鲁区当时还是巴塞罗那城的远郊，因而它是作为未来新城的一个亮点出现的，是一个自发的新城市发展的模式。目前，它虽然历经改动，当年那种激进宣言式的本色依然清晰可辨。*（J. J. 拉韦尔塔）*

33. 那不勒斯邮政大厦

地点：那不勒斯，意大利
建筑师：G. 瓦卡罗和 G. 弗兰齐
设计 / 建造年代：1936

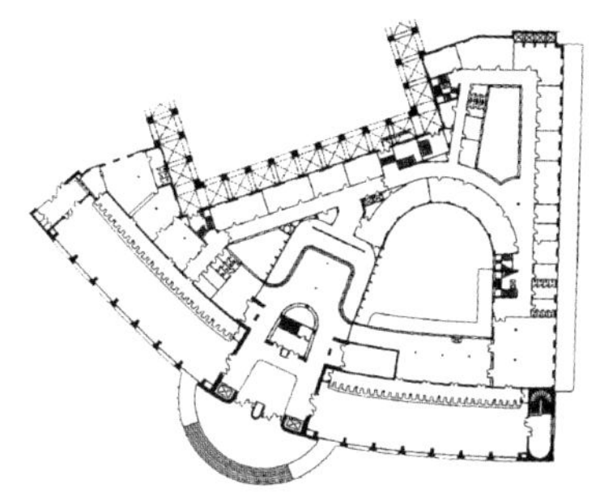

1 底层平面
2 立面外观局部

那不勒斯邮政大厦位于城市的旧区，附近有一所修道院，建筑师在设计中将邮政大厦通过一座内院与古老的修道院连接。主要立面呈曲面与城市的街道圆弧形转角相互协调，整个建筑的外表用十分辉煌的大理石贴面，产生一种凝重而又华贵的效果。

← 3 正立面外观（罗马的瓦萨里提供）

↑ 4 外观一

→ 5 大厅

↑ 6 外观二
↓ 7 立面

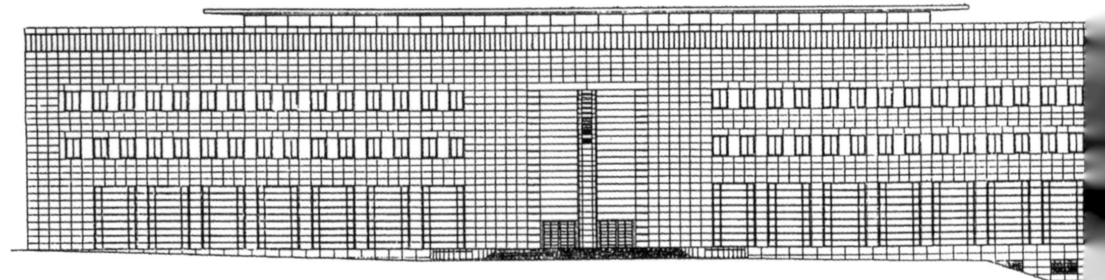

→ 8 中庭
↓ 9 内景

34. 法西奥宫

地点：科莫，意大利
建筑师：G. 泰拉尼
设计/建造年代：1928/1932—1936

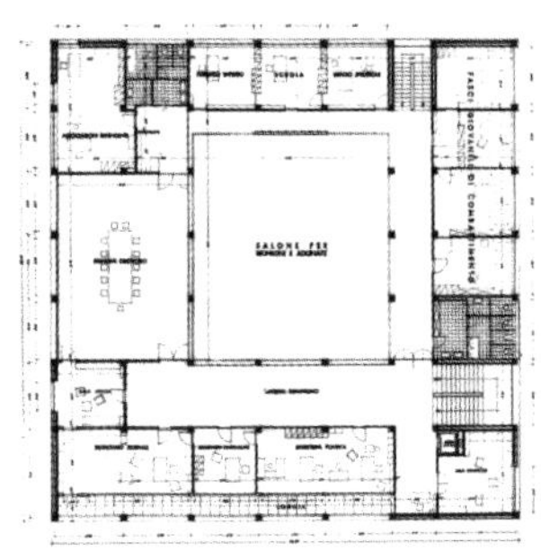

↑ 1 一层平面
↓ 2 设计早期阶段中的正立面透视图。当时侧入口还是正立面墙上的一个部分
→ 3 鸟瞰

科莫的法西奥宫不仅仅是G. 泰拉尼无可争议的建筑典范，而且是意大利20世纪20年代至30年代理性主义建筑艺术的最完美的体现。

正如任务书中原先所要求的那样，法西奥宫应当是一幢传统的伦巴第式的大厦，带有露天的中央庭院，外部有砖瓦的屋顶。随着一步步的修改，它逐渐演变成了一个抽象的方盒子，中央的室内大厅四周完全用玻璃封

↑ 4 西立面与背景上的大教堂穹顶（由萨尔托里斯捐赠，瑞士洛桑联邦高等理工大学建筑系现代建筑档案馆提供）

↓ 5 纵剖面与横剖面

→ 6 带正入口的东立面外观

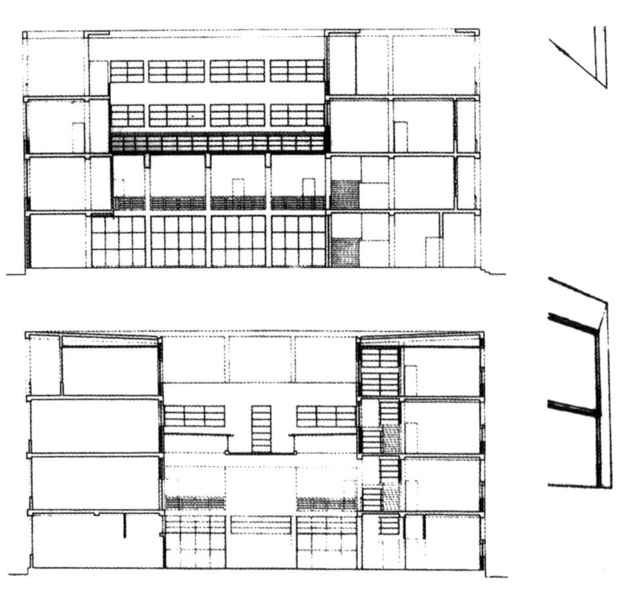

闭。大楼的平面是一个边长为33.2米的正方形，高度为16.6米，刚好是边长的一半。四个立面各不相同，但每个立面的比例都是以黄金分割为基础的。大厦的中庭是一个纯净的、不带任何装饰的四方形空间，将框架结构暴露在外。饰面处理上用博蒂齐诺产的白色大理石贴面，建筑的正立面由大理

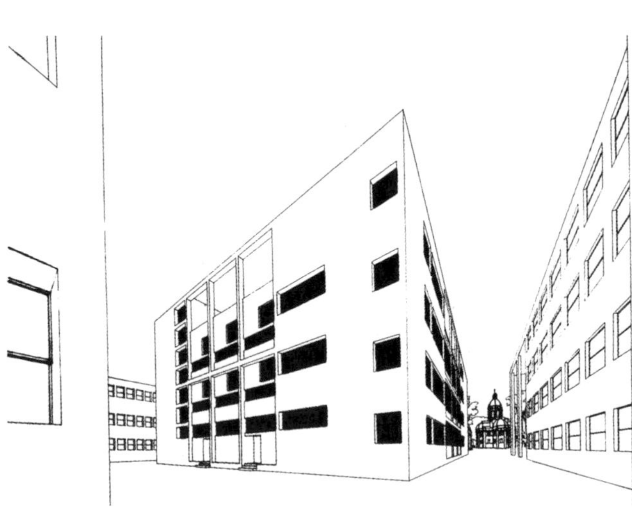

← 7 建筑楼梯间的细部
↑ 8 G. 泰拉尼绘制的透视图
↓ 9 内院与侧廊（由科莫的 G. 泰拉尼基金会提供）

石、玻璃和玻璃砖相互交织，虚与实的效果由于光与影的作用使其反差更为强烈。在室内，纯几何形表面和精心设计的反射作用使得整个大厅的上下、左右之间展现出谜一般变幻莫测的效果，但仍然是可感知的。

法西奥宫与建于中世纪后期的科莫大教堂就辩证意义而言有一种直接的空间上的联系。虽然法西奥宫从一开始就被设计成一座独立的建筑，但它本应与其他的未建成的标志性建筑物共同围合成一个宽阔的新广场。*（V. M. 兰普尼亚尼）*

35. 巴塞罗那肺结核病防治所

地点：巴塞罗那，西班牙
建筑师：J. L. 塞特，J. T.–克拉韦，J. B. 苏维拉纳
设计 / 建造年代：1933—1937

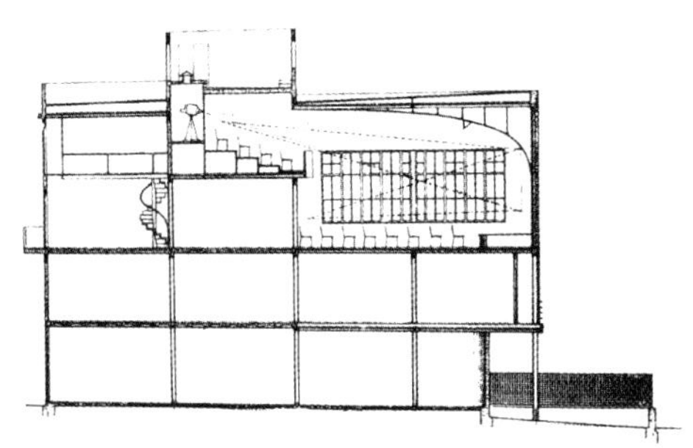

20世纪30年代，巴塞罗那的“唐人街”，即该市的港口区逐渐衰落，呈现出欧洲文学中的那种破败的下层社会的景象，成为都市与社区衰退的可怕典型。加泰罗尼亚自治区政府决定在该区建立一座结核病防治所，以解决该地医疗设施紧缺的问题。既能加大在这一区域内防治结核病的力度，同时也象征了另一种意义上的复兴：社会的复兴。“加泰罗尼亚建筑师和技

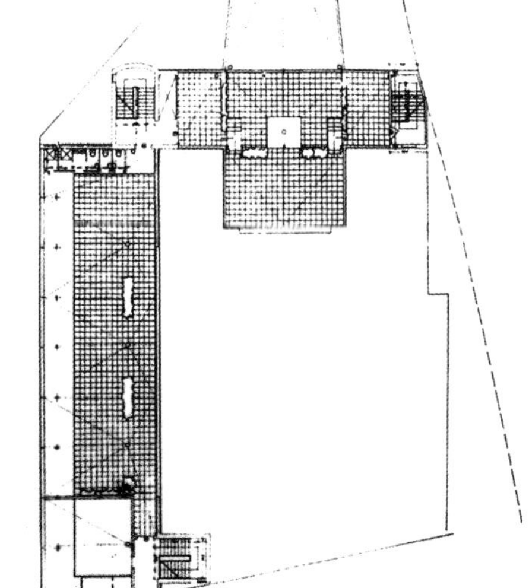

↑ 1 剖面
→ 2 底层平面

↑ 3 中心诊所
↓ 4 候诊室一翼

术人员当代建筑进步集团”（GATEPAC）的建筑师——塞特、J. T.–克拉韦和苏维拉纳合作设计的方案完美地体现了政府的这种双重要求。该方案将整个建筑设计成L形，融入周围已经破败不堪而且人口稠密的街区中。就像这些建筑师所创作的其他作品那样，这个作品也颇具表现力。一方面，大楼的两部分之间由呈不规则四边形的一组房间相连，这些房间可用作公共活动场所，如活动室和图书馆。这是吸取了勒·柯布西耶在设计日内瓦国际联盟大楼连接体的经验，可以说是其小型的翻版。门诊楼和病房楼两幢楼体呈部分对称，相互之间有楼梯相连。另一方面，两幢建筑的处理处处体现着功能主义的设计原则：金属结构，自由的平面，架空的柱子，用作日光浴场的平屋顶，大面积的带形窗，等等。而在大楼的细部装饰上，却依据了另一种原则：选材和比例划分是一种对神秘的地中海建筑形式的阐述，表达了一种介乎抽象的功能主义与“现实”之间的建筑形式。外墙用石棉水泥砌成，这是一种简陋的不体面的材料，与那些绝对抽象的“实用标准”相悖，但是当代建筑进步集团的设计师们却在其中发现了一种表现力：它可以充分表现出一种“真实的人”的伦理观。*（J. J. 拉韦尔塔）*

↑ 5 主楼立面，走廊与候诊室的开窗面向庭院
↓ 6 立面

（照片由 F. C. 罗卡摄制；图和照片摘自 C. 弗洛雷斯《当代西班牙建筑》，马德里：Aguilar 出版社，1961 年）

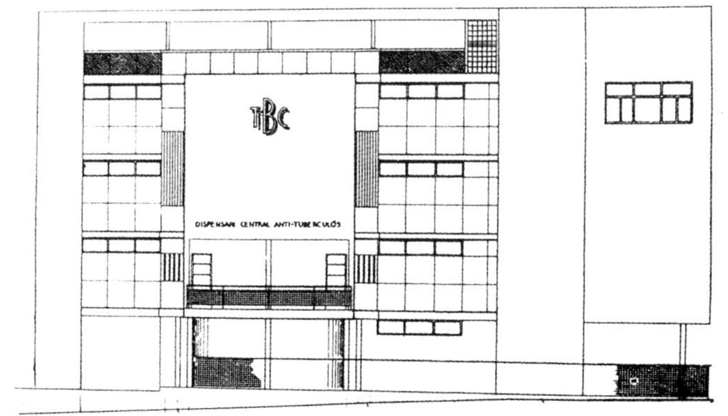

36. 圣艾利亚孤儿学校

地点：科莫，意大利
建筑师：G. 泰拉尼
设计/建造年代：1934—1936/1936—1937

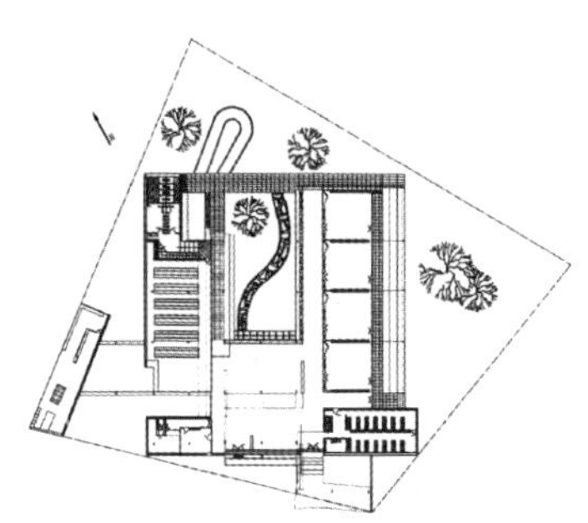

1 总平面
2 内院
3 全景（G. 泰拉尼摄影）

在这所单层的学校建筑中，泰拉尼终于实现了他多年来梦寐以求的、对通透的诗意性表现。早自《未来主义宣言》的纲领起，泰拉尼就确定了这种意向，在随后的法西奥宫和从未实现的但丁研究院的方案中，他都贯彻了这种追求。

如同泰拉尼的其他许多方案一样，这幢建筑也是基于一个三合院的平面布局。简洁明晰的室内环绕一个中央休息厅兼游

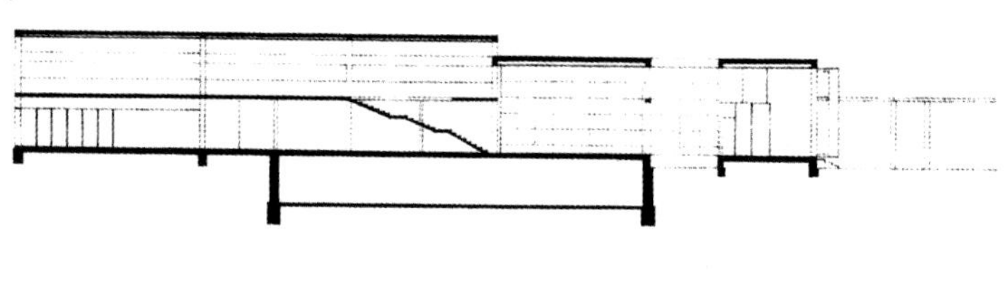

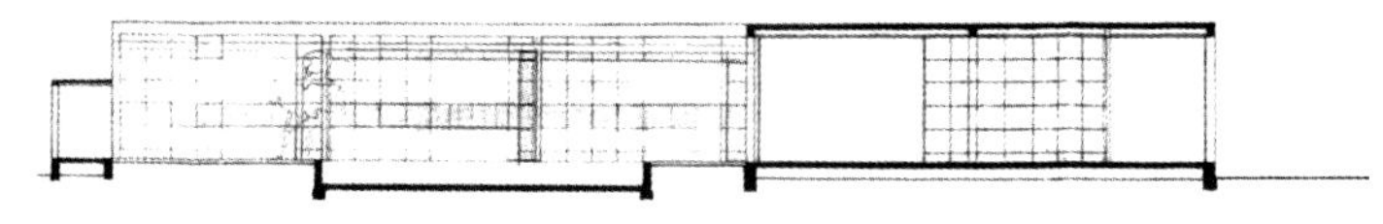

↑ 4 入口大厅
← 5、6 剖面

（图和照片由科莫的 G. 泰拉尼基金会提供）

艺厅布置。一个侧翼是教室，每间教室都带有自己的平台；另一个侧翼则布置餐厅、服务设施和办公室等。空间的对话，或者说建筑室内外环境的统一，通过总平面的设计（变幻的矩形主题）和钢筋混凝土结构以及通透外壳之间的分离得到了强化。内部结构与外壳之间的分离还在建筑所处的环境中创造了独特而富于变幻的节奏。泰拉尼以他对传统建筑元素（如入口、门廊、内院、走廊等）的理性的、同时又是极富个性的诠释达到了独到的境界。*（A. 沃多皮韦茨）*

37. 公共工程博物馆

地点：巴黎，法国
建筑师：A. 佩雷
建造年代：1937

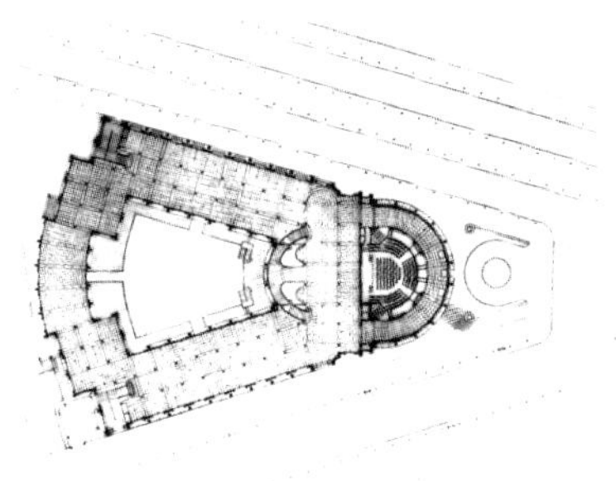

← 1 平面
↓ 2 从庭院看大楼梯

20世纪30年代，当佩雷兄弟开始设计公共工程博物馆时，在上城区已经有两个重要的纪念性古典主义建筑了，一个是沙约宫，另一个是现代艺术馆（1935—1937年）。佩雷设计的以彩色混凝土建造的博物馆在1938年部分完成。它在三角形的地段上采用了传统的对称构图，主入口圆厅和会议厅形成头部，而展览空间则形成两翼，中间围合成的内院划分为若干区域。地下室朝向莱纳

↑ 3 外观（舍沃容摄影）

↓ 4 轴测图

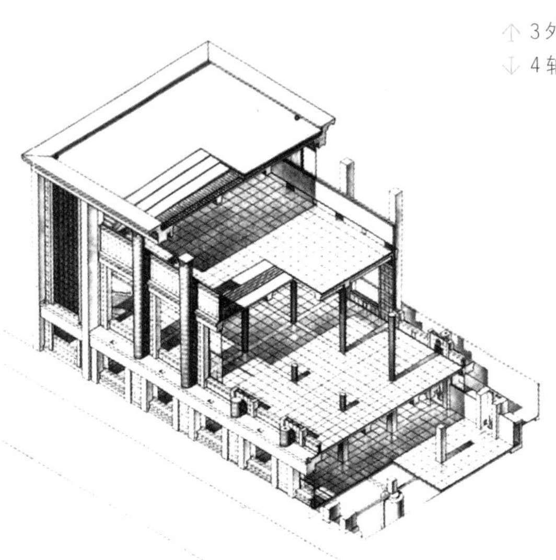

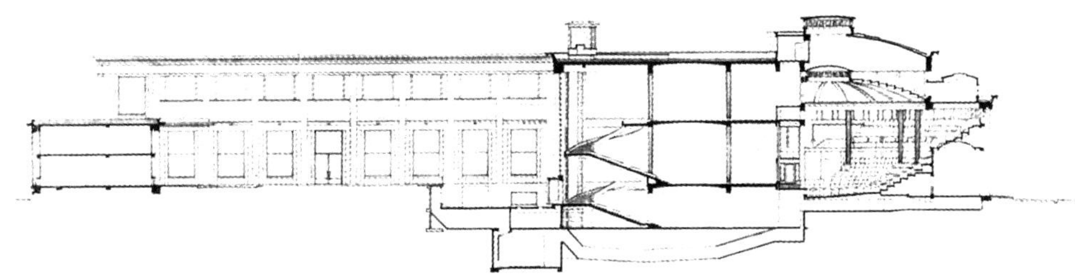

大街开口，以两侧的立柱为标志。建筑的原创性集中反映在内外两层结构的运用上。外部的12.2米高的独立支柱体系用于支承屋顶平台，而内部的另一个独立结构体系则用于支承楼板和墙体。外立面上的八根立柱是对佩罗的卢浮宫柱廊的再现。建筑的室外和室内都体现了对古代神庙建筑的理解。室内典雅的螺旋楼梯表明了钢筋混凝土建造技术的成就。基于建筑在空间和技术上所展现的品质，弗兰姆普敦认为它是“佩罗一生在民用建筑上最杰出的范例”。由维蒙设计的靠威尔逊总统大街的侧翼于1961年至1962年加建。

（V. M. 申德勒）

↑ 5 纵剖面

↑ 6 柱厅（舍沃容摄影）

↓ 7 内景（舍沃容摄影）

［图和照片由国家档案馆 / 法国建筑学会（AN/IFA）及巴黎20世纪建筑档案馆提供］

38. 亚历山德里亚肺结核病防治所

地点：亚历山德里亚，意大利
建筑师：I. 格拉代拉
建造年代：1938

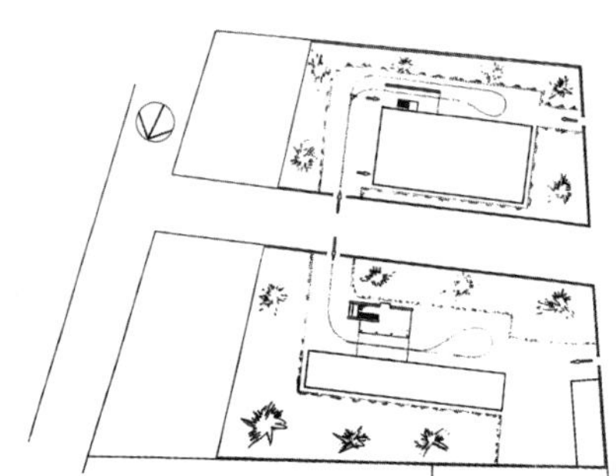

1 总平面
2 庭院

这座有着正方体外形的结核病防治所位于亚历山德里亚旧城区和郊区之间的一片绿地中，将原有的V. 埃马努埃尔三世结核病疗养院加以扩建，建筑师是I. 格拉代拉，这项任务原先曾委托他的父亲设计。

门厅、候诊室和诊室之间用金属板分隔，观察室、病房和供病人使用的平台都位于上层。公共区，如候诊室和平台，都布置在主立面这一侧，使

↑ 3 正立面外观

↓ 4 底层平面

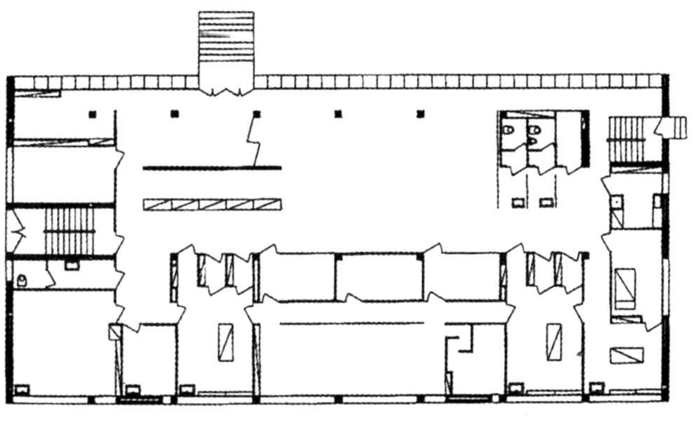

入口的形式得以平衡。

这座建筑物有着完整的室内设计，十分严谨地呈水平向和垂直向的网格布置，表明了它们的主要构件。建筑的正立面上有一大片花格，混凝土结构上涂了一层淡蓝色，砖墙表面刷了一层淡黄色，建筑中后退的部分以及南立面上的玻璃砖也带有淡蓝色。由于设计了不同类型的窗户，病人不会受到外界窥视的干扰，而病人则能够从候诊室和平台内观看外界。大平台上周围有开敞的砖砌花格墙。在这幢建筑物上，建筑师创造了一种全新的建筑类型，其形式介于传统与现代之间。

当时，由于这个设计过于先进，亚历山德里亚的这座肺结核病防治所从来没有按照原始的设计功能来使用。格拉代拉的设计理念仅仅在最近的重建中才得以实现。建筑师执着地认为，方案的成功与否在于工程各部分之间的

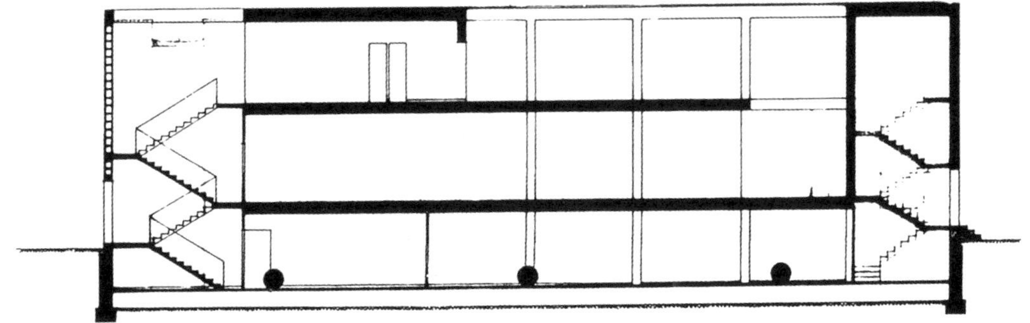

← 5 背立面外观
↑ 6 横剖面
↓ 7 内景

（图和照片由建筑师提供）

关系。正因为如此，亚历山德里亚肺结核病防治所可以看作一座优雅的、不言自明的建筑，它有着精巧的细部，超越了当时的时代。*（CABP）*

参考文献

G. E. Kidder Smith, *Italy Builds,* London: The Architectural Press, 1955, pp. 168–169.

39. 克利希人民宫

地点：克利希，法国
建筑师：J. 普鲁韦，E. 博杜安，M. 洛兹，V. 博迪安斯基
设计/建造年代：1935/1937—1939

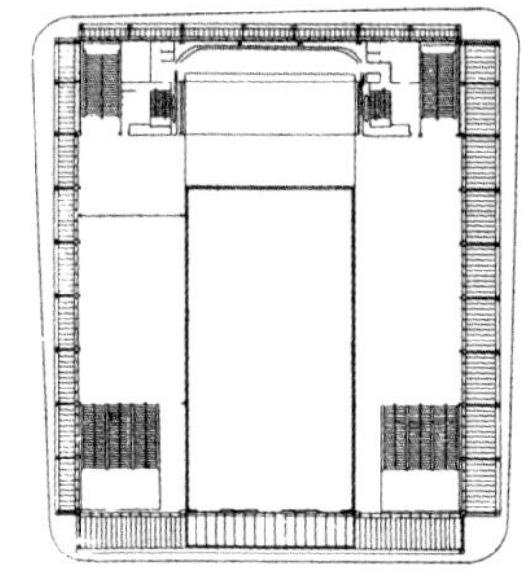

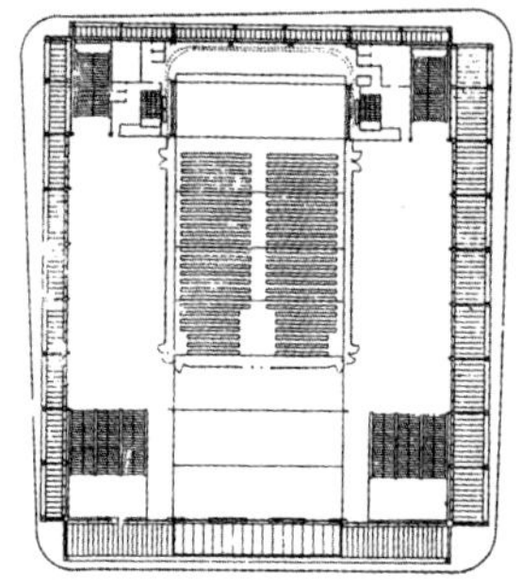

→ 1 按商场布置的平面
→ 2 按电影院布置的平面
↓ 3 内景一

位于巴黎市郊的这座人民宫包括一座商场大厅、一座节日大厅和一家兼作剧场用的小电影院。在确定了商场大厅和节日大厅完全不可能同时使用之后，建筑师们采取了一种创新的方法：通过可移动的墙体、地板和地面设施来变换功能。白天，底层用作商场，通过移动上面一层的部分楼板，二层的回廊也可纳入商场中来。此外，通过打开电动的顶棚，商场还可变成露

↑ 4全景(A. 萨隆摄影)

天市场。晚间，顶层可以转换成一间大厅。利用液压装置和升降机，将储藏室的部分楼面抬起，这样大厅中央就会出现一个舞台。也可以用活动墙板来分隔出一间电影厅，四周环绕的回廊则可用作通道。

J. 普鲁韦在1930年左右发明的这套可移动墙体系统为人民宫带来了灵活性。人民宫的墙板用可以折叠的薄板制成，所使用的模数是按照墙板的最佳尺寸来确定的。钢结构骨架外包玻璃饰面和普鲁韦墙板，直角的边界增加了墙板的刚度。以上这些特性造就了建筑明快的整体感。

↑ 5 内景二
↓ 6 结构（J. C. 普朗谢摄影）

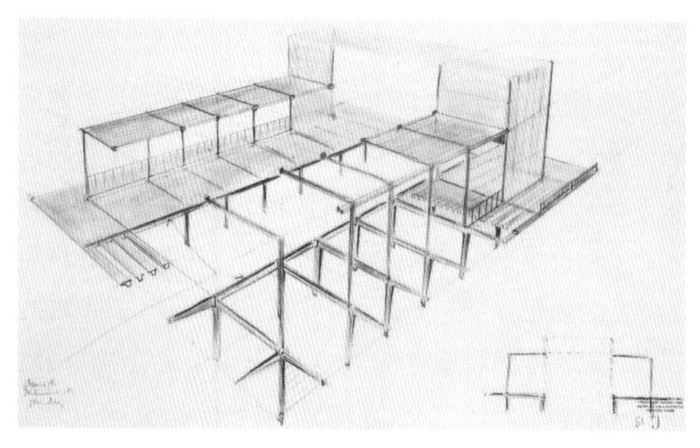

大楼的整个设计构思充满了构造和技术创新，创造了一个人们前所未闻的多功能的开放式的建筑。除此之外，大楼的多功能理所当然使得整个大楼没有任何装饰，一切都可加以变化。*（E. 坎蓬）*

40. 切尔诺比奥公寓楼

地点：切尔诺比奥，意大利
建筑师：C. 卡塔内奥
建造年代：1939

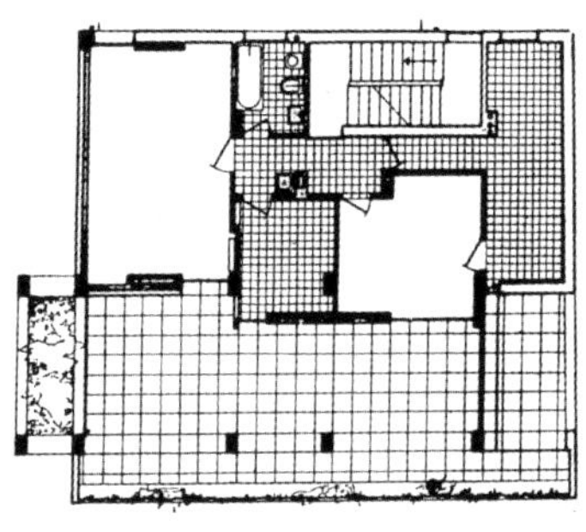

1 三层平面
2 侧面外观（1939 年刚刚建成后的情况）

20世纪20年代至30年代，蕴含着政治、文化意味的建筑论争在意大利激烈展开，而现代主义建筑运动在意大利呈现出特有的轨迹也正是与其时的政治、文化有着密切的关系。20年代前期墨索里尼已经掌握了国家政权，这在法西斯主义的关于“国家艺术”的论争中充分地体现了出来，意大利理性主义则尝试着超越这一时代的暗流。

C. 卡塔内奥的这一

作品是意大利理性主义的代表作之一，他放弃了构成主义的设计手法，以方形的平面、玻璃混凝土等现代材料形成了单纯、简洁的形体。不难看出其构成方法与同时期勒·柯布西耶、密斯·凡·德·罗作品中运用的几何学的秩序有着许多相似之处。（CABP）

← 3 正立面外观（1939 年刚刚建成后的情况）

↑ 4 一层和二层东南房间的转角处——图中可见推拉门、栏杆（1939 年刚刚建成后的情况）

→ 5 南北剖面

（1939 年的原图，由科莫的卡塔内奥档案馆提供）

第 4 卷

环地中海地区

1940—1959

41. 朱利亚尼·弗里杰瑞奥公寓

地点：科莫，意大利
建筑师：G. 泰拉尼
设计/建造年代：1940

↑ 1 标准层平面，北侧有航海窗的变形

↓ 2 建造中的南立面与西立面外观，主入口位于图中左侧（G. 泰拉尼摄影）

朱利亚尼·弗里杰瑞奥公寓是G. 泰拉尼的最后一件作品，位于建筑师设计的第一幢住宅——新科莫大楼（Novocomo，1927—1929）附近。虽然这是泰拉尼建筑创作生涯的终点，但却表现了建筑师在设计思想上的一个转折。在施工还没有开始之前，泰拉尼就到维罗纳去服兵役，他不得不每天写信给工地，以交代那些未尽的细节。

朱利亚尼·弗里杰瑞奥公寓的结构由四片平行的墙体构成，它们把每个楼层分成三套大小相同的居住单元。从剖面上看，朝北的两个房间与南面的房间错半层。底层平面的分隔及外立面的划分与承重结构一致，结合剖面上的错层，所有这些都使得建筑物的空间关系展现出多样性，不能简单地去识读。

朱利亚尼·弗里杰瑞奥公寓与呈基本几何形的法西奥宫完全相反的复杂

↑ 3 东立面与南立面外观

↓ 4 沿走廊平行于东面所做的剖面，走廊连接着楼梯间和居住单元

（图和照片由萨尔托里斯捐赠，瑞士洛桑联邦高等理工大学建筑系现代建筑档案馆及科莫的 G. 泰拉尼基金会提供）

结构形式开创了一种新的方法，同时也是P. 艾森曼的建筑理论的源泉。泰拉尼不再对逝去的那个一度美好的世界怀有眷恋，也不再信奉现代主义的简化原则。*（H. 蒂本）*

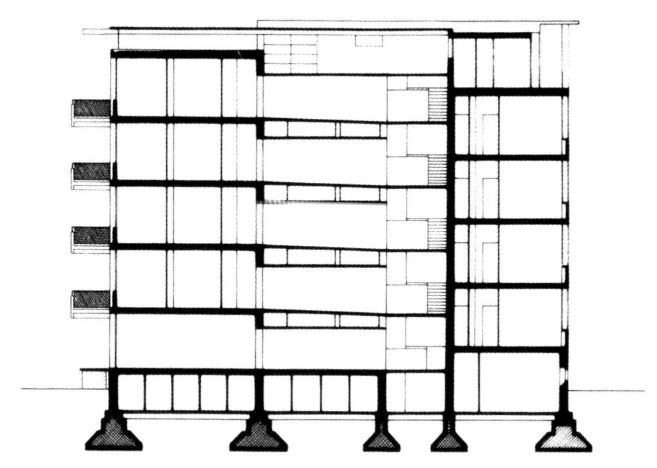

42. 卢布尔雅那国立大学图书馆

地点：卢布尔雅那，斯洛文尼亚
建筑师：J. 普列茨尼克
设计/建造年代：1939—1940，1936—1941

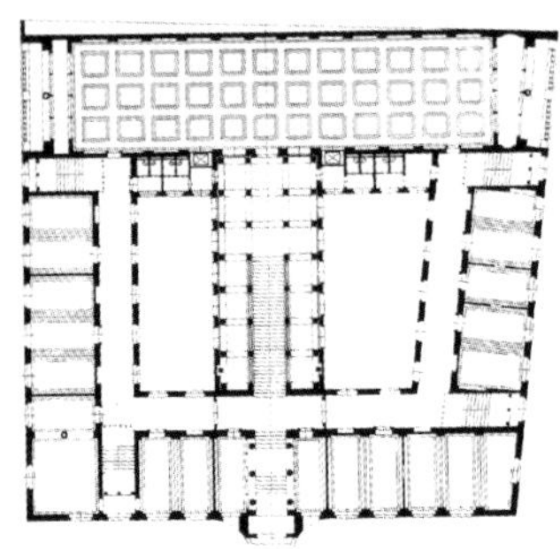

← 1 主楼层平面（A. 沃多皮韦茨提供）
↓ 2 转角外观（S. B. 坎杜斯摄影）

对于斯洛文尼亚来说，在第一所斯洛文尼亚语的大学成立之后的几年之内就新建一座大学图书馆是件国家大事。在设计中，普列茨尼克充分把握了这一机遇，它不仅是斯洛文尼亚语的纪念碑，同时也是新独立的国家纪念碑。这正是卢布尔雅那国立大学图书馆具有纪念性的意义。

以文艺复兴的广场为原型，图书馆在这个历史环境中成为周围尺度较小

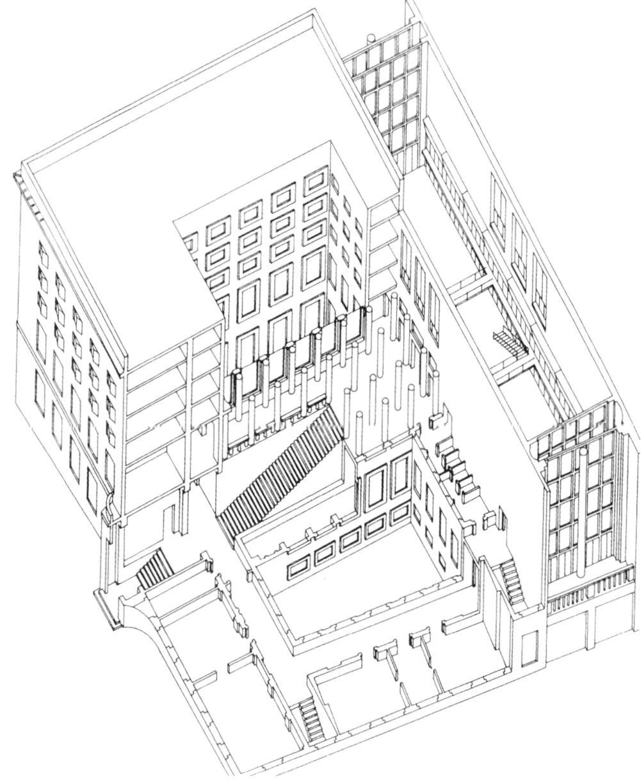

↑ 3 立面局部（D. 加莱摄影）
⇨ 4 轴测图（A. 沃多皮韦茨提供）

↑ 5 门的细部（D. 加莱摄影，普列茨尼克博物馆馆长提供）

← 6 柱子细部

↑ 7 阅览室

→ 8立面细部(A. 沃多皮韦茨提供)

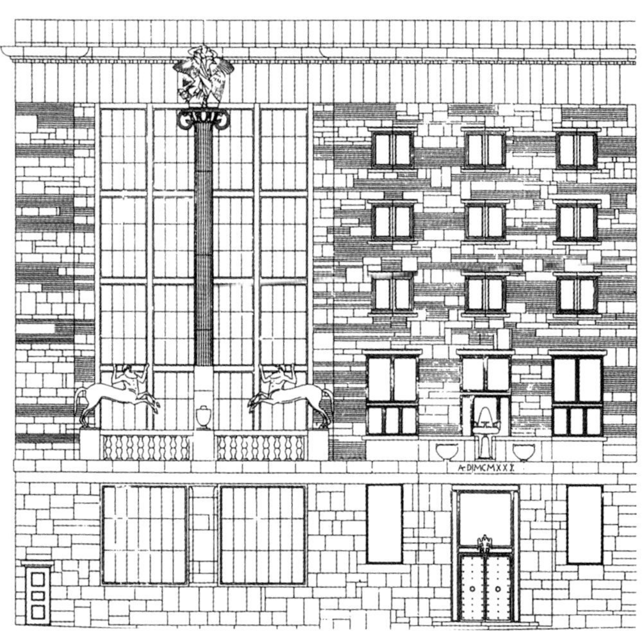

的建筑群的中心。普列茨尼克把图书馆设计成“知识的殿堂”，室内由一种神圣的气氛所主宰。一条精神性和礼仪性的通道把人们从“无知的黑暗引向知识的光明”，它从正门开始，通过入口门厅和休息平台到达纪念性的大台阶。楼梯的轴线进一步延续，到达上面的柱厅，最终把人们引向大阅览室——这里收藏的是斯洛文尼亚语的文学作品，是国家独立的真正象征。

通过包括大学图书馆在内的一系列建筑作品和城市设计作品，普列茨尼克在原先地方首府的基础上建立起一座新的首都。

（A. 沃多皮韦茨）

↑ 9 通廊内景（D. 加莱摄影，普列茨尼克博物馆馆长提供）

← 10 细部

（照片由 D. 加莱摄制，图和照片由普列茨尼克博物馆馆长提供）

43. 马拉巴尔代别墅

地点：卡普里岛，意大利
建筑师：A. 利贝拉
设计 / 建造年代：1938—1943

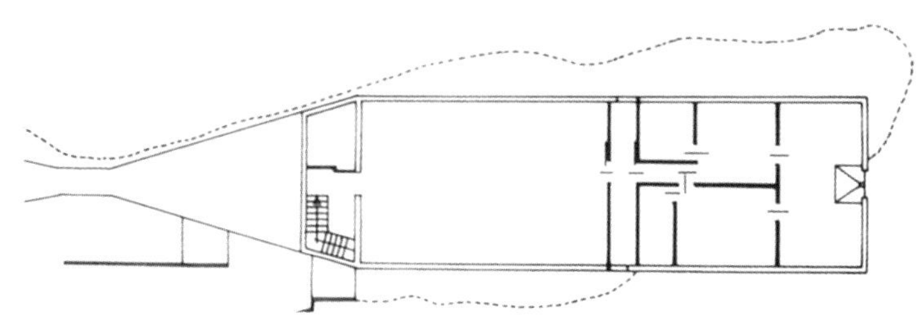

马拉巴尔代别墅是20世纪30年代意大利理性主义关注地中海风格的一个作品，这所别墅建造在意大利南部卡普里岛的马苏洛岬角面对第勒尼安海的悬崖峭壁上，这座宁静的岛屿被认为具有超现实主义的氛围。别墅由A. 利贝拉和房屋的主人、作家C. 马拉巴尔代设计，建筑呈狭长的长方形，长54米，宽10米，入口一侧逐渐收小，有一座梯形的33级台阶通向屋顶平台，平台上

↑ 1 底层平面
↑ 2 外观局部

一片弯曲的白色的墙象征着海面上的船帆。建筑高两层，整幢别墅的外墙涂上了浓重的红褐色，以湛蓝色的大海作为衬托。只有一条从岩石中凿出来的山径通向别墅。造好的建筑与利贝拉原来的设计有很大差异，业主马拉巴尔代在使用过程中做了很多修改。

参考文献

Dal Co, Francesco, and Sergio Polano, *Italian Architecture: 1945-1985,* Tokyo: A+U, extra edition, Mar., 1988.

Garofalo, Francesco, Luca Veresani, *Adalberto Libera,* New York: Princeton Architectural Press, 1992.

Francisco Asensio Cerver, *Private Mediterranean Houses*, Arco Colour Collection.

← 3 全景
↑ 4 从海上看建筑
→ 5 通往住宅的楼梯

（图 3 由 O. 马丁摄制，图 2、图 4、图 5 由苏黎世的 A. 布格尔提供）

44. 黑湖缆车站

地点：皮埃蒙特，意大利
建筑师：C. 莫利诺
设计 / 建造年代：1946—1947

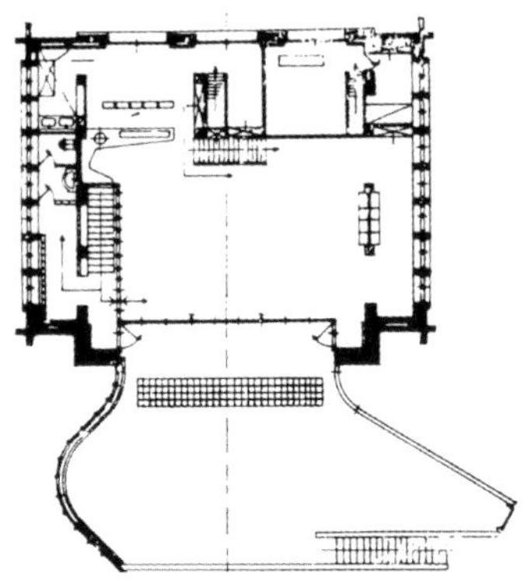

← 1 楼层平面
↓ 2 阳光露台

在皮埃蒙特地区的阿尔卑斯山苏萨山谷，海拔2300米高的地方有一个为滑雪者服务的缆车站，包括雪橇运送中转、餐馆用餐和夜间住宿等功能。在实际的建造过程中，缆车站的内部有很大的改动。在建成后不久该建筑即遭废弃。目前，恶劣的天气和人为的破坏已使建筑破败不堪。

缆车站的基座部分是机房和候车室，上部的木构建筑是带有露天平台

↑ 3 侧面外观

↓ 4 二层室内透视

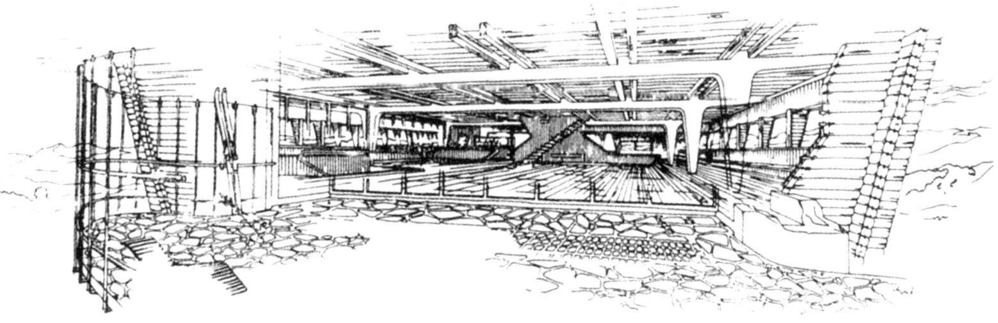

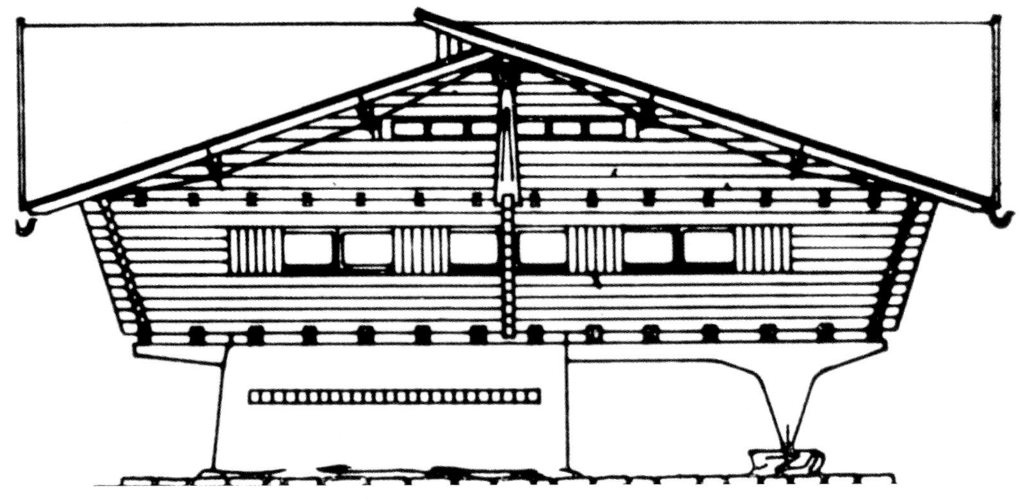

↑ 5 正立面

的餐厅、供滑雪者住宿的设施。

莫利诺用一种充满动感和雕塑般立体感的建筑语言重新诠释了当地传统的石头基座加上木制构架的粗犷的建筑风格：立在山坡上的站房用石头和混凝土建造，由下面的挡土墙支承，二层对外开敞，突出在外面的一个不对称的弧形平台就像是从轮船上伸展在空中的舰桥。平台由圆锥体的柱子支承，栏杆用钢制成，侧面还带有钢木构造的楼梯，强调了动感。站房上面是以混凝土结构承重的木构房屋。它那复杂的具有动感的体量通过多次折叠的屋顶而得到加强，使整个建筑看起来就像是一尊雕塑，K. 史密斯将这座建筑评价为“意大利现代建筑中最具三维特色的作品”。整个动态变化着的体量上覆盖着一个复杂的折面屋顶，为建筑带来了整体的雕塑感——“一座意大利现代风格的三维建筑”。

评论界普遍认为，在莫利诺设计的一系列具有当地风格的山地建筑中，黑湖缆车站无疑是一件登峰造极的作品。（O. 马丁）

45. 罗马火车总站

地点：罗马，意大利
建筑师：L. 加利尼，M. 卡斯泰拉齐，V. 法迪加蒂，E. 蒙托里，A. 平托内洛
设计/建造年代：1947—1950

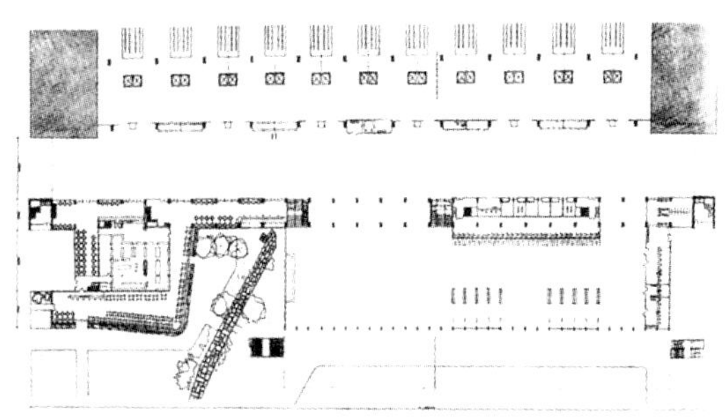

罗马火车总站的建筑始于1938年，当时墨索里尼时期采用的设计是一个具有新古典主义风格的作品，火车站两个侧翼得以建成，但中间的主体部分始终未获实施。战后，在1947年举行了一场国内的设计竞赛，两组建筑师与工程师被选中来完成新的设计方案。

新的车站由三部分组成：售票大厅（旅客大厅）、行政管理与餐厅、通道及站台。带检票口的售票大厅上面是曲面混凝土屋顶，四周全部为玻璃幕墙；旅客可以经过一条地下通廊直接进入地铁，售票大厅背后的通道上部有一座五层楼的建筑：760英尺（约232米）长、35英尺（约11米）宽，上面四层用来办公，下面一层用于旅馆，每一层都带有水平划分的窗子，朝向东南以得到天然采光。再往后是引向站台的通道，通道上方有跨度约80英尺（约24米）的桁架，上面

↑ 1 平面
↑ 2 1950年11月建成后售票大厅内的检票处

↑ 3 1950 年 11 月 9 日车站落成时的正立面外观

→ 4 总平面

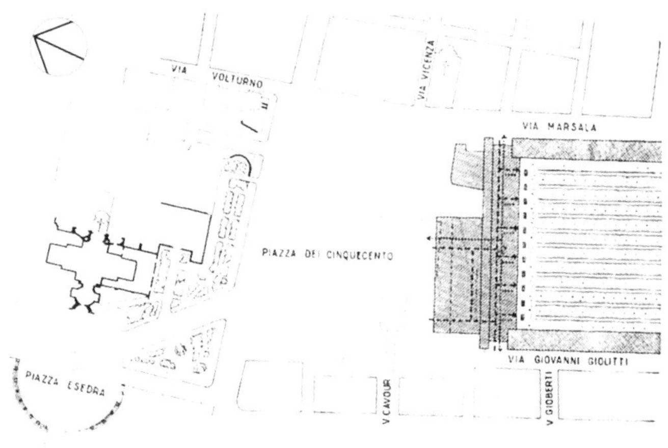

覆盖着银色的电镀铝板。地面为厚4/5英寸（约2厘米）的橡胶卷材。通道之下的空间用于中转旅客的休息。

另外值得一提的地方是建筑群旁边有一段公元前4世纪的古塞尔维亚城墙。这座车站（特别是入口部分）被誉为“欧洲最好的火车站”。（*CABP*）

参考文献

G. E. Kidder Smith, *Italy Builds*, London: The Architectural Press, 1955, pp. 230-235.

“Bâtiment Principal de la Gare de Rome”, from *L’architecture d’aujourd’hui*, No. 21, Dec., 1948, pp. 54-55.

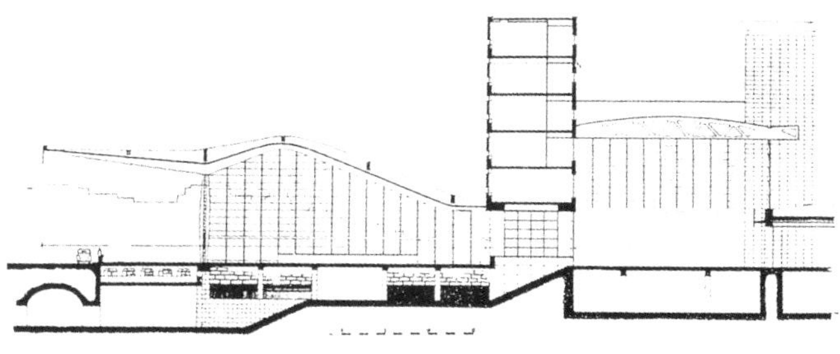

↑ 5 1950年建成后的鸟瞰

→ 6 售票大厅室内，左侧为检票口（H. S. Werk, no.39, 1952年，第206—210页）

↓ 7 剖面

（图3、图5、图6摘自G. 安杰莱里、U. M. 比安基《罗马火车站：从法尔发的小商店到巨龙》，罗马：Edizioni Abete 出版社，1984年；图1、图4、图7摘自法国《当代建筑》，1948年11—12月号，第54—55页）

46. “向日葵”公寓

地点：罗马，意大利
建筑师：L. 莫雷蒂
设计/建造年代：1950

L. 莫雷蒂1907年生于罗马，1930年从罗马大学毕业。他主要的作品有：米兰的公寓大楼（1948—1950年），圣玛丽内拉的“萨拉切那别墅”，美国华盛顿的水门饭店（1961—），罗马的“圣毛里齐奥公寓”（约1962年）和“博尼法斯七世公寓”（1964—1972年）。

参考文献

Dal Co, Francesco, and Sergio Polano, *Italian Architecture: 1945-1985,* Tokyo: A+U, extra edition, Mar., 1988.

← 1 中庭
↑ 2 主立面外观
→ 3 二层平面

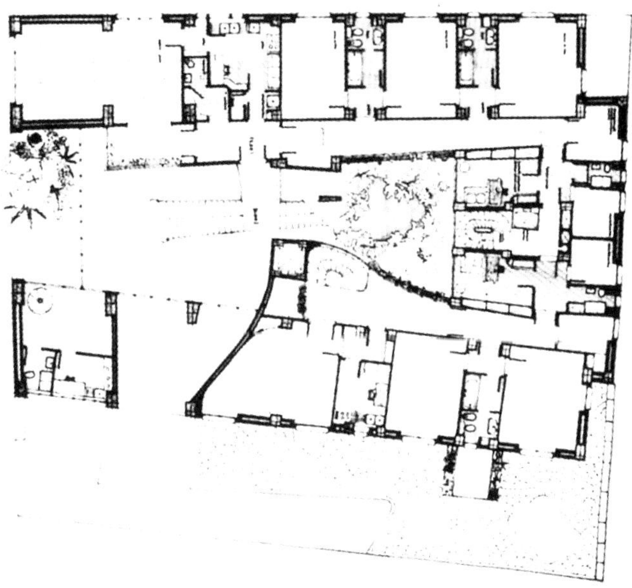

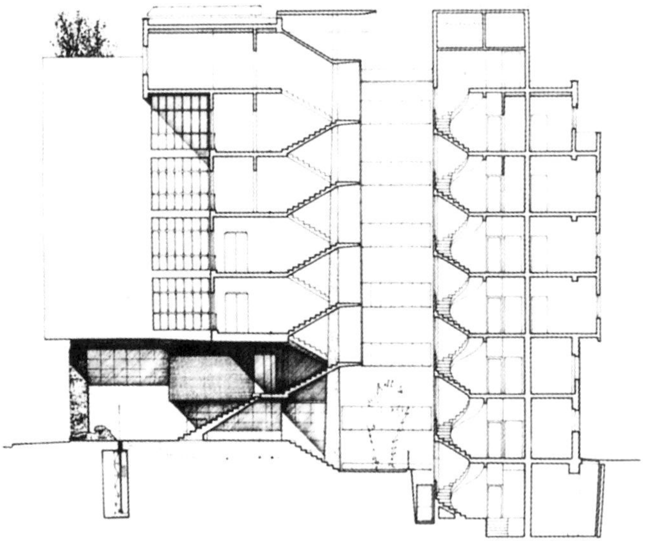

↑ 4 侧面局部

← 5 沿庭院的主剖面

（图和照片由意大利国家中央档案馆、L. 莫雷蒂基金会提供）

47. 巴塞罗那公寓

地点：巴塞罗那，西班牙
建筑师：A. 科德尔赫
建造年代：1951

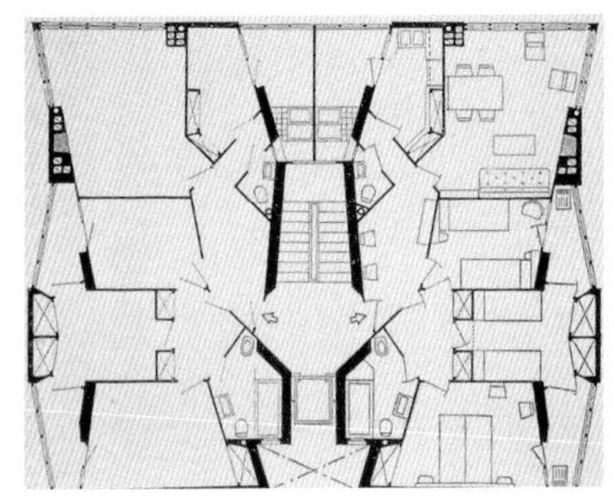

← 1 楼层平面
↓ 2 侧立面（F. C. 罗卡摄影）

A. 科德尔赫（1913—1984年）是一位巴塞罗那建筑师，他是西班牙巴塞罗那建筑学派的代表人物，弗兰姆普敦评价他为“典型的地域主义建筑师”。这种地域主义最初是通过其“在巴塞罗那的、地中海式的、地方化的砖墙的八层现代公寓”来展现的。本项目是一个经济型的住宅（每层按两户六人设计），位于城市的繁华地带。建筑的外观采取了曲折的几何形

式，立面上的竖条实墙特色鲜明，形成了“向内凹进的塑性体量”，表明了对周围破碎的城市氛围的一种“反城市”的态度。

（CABP）

参考文献

Frampton, Kenneth, *Modern Architecture, A Critical History*, 3rd ed., London: Thames and Hudson, 1992, p. 317.

Ignasi de Solà-Morales et al., *Birkhäuser Architectural Guide: Spain, 1920-1999*, Basel: Birkhäuser, 1998.

← 3 外观

↑ 4 外观局部（F. C. 罗卡摄影）

→ 5 内景

48. 乌加尔德住宅

地点：吉罗那，西班牙
建筑师：A. 科德尔赫
设计/建造年代：1951

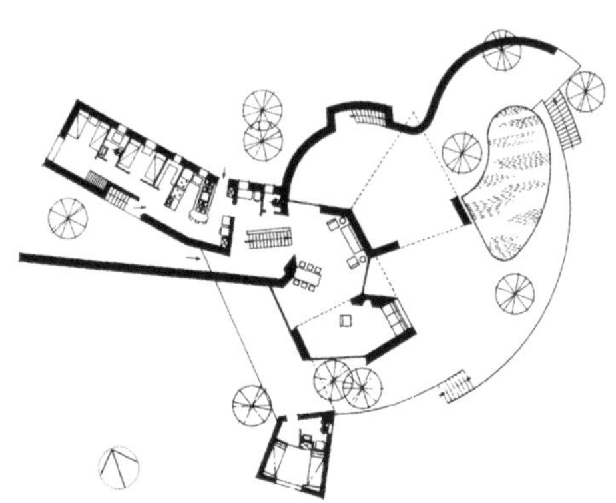

1 底层平面
2 外观（F. C. 罗卡摄影）
3 外观局部（F. C. 罗卡摄影）

乌加尔德住宅坐落在吉罗那市卡尔代达斯，它因其“动态和躁动”的体量、离心分散的平面布局、多面体的房间以及人工平台（就像典型的农民住宅一样）而被认为是科德尔赫作品中的一个特例，因为科德尔赫的作品在后期越来越秩序化。尽管如此，这幢建筑仍然被称作“在战后因政治原因而使巴黎美术学院派占统治地位多年后，现代主义

↑ 4 外观局部（F. C. 罗卡摄影）
← 5 内景（摘自 J. M. M. 科德尔赫《乌加尔德住宅》，巴塞罗那，1998 年，F. C. 罗卡摄影）

建筑再生的一个标志”。

（CABP）

参考文献

Ignasi de Solà-Morales et al., *Birkhäuser Architectural Guide: Spain, 1920-1999*, Basel: Birkhäuser, 1998.

49. 马赛公寓

地点：马赛，法国
建筑师：勒·柯布西耶
建造年代：1952

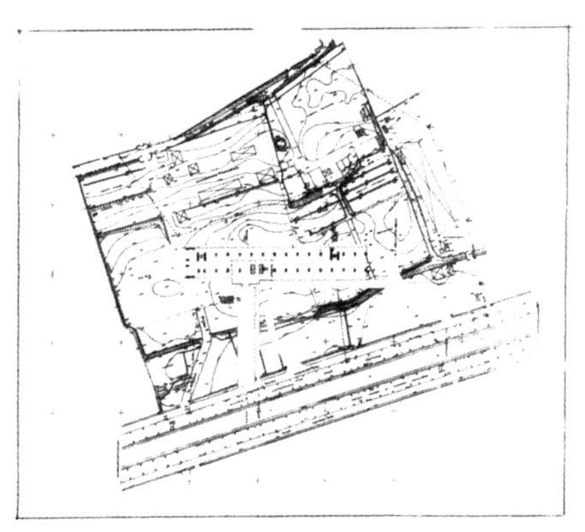

← 1 总平面
↓ 2 全景（Y. 吉耶莫摄影）

马赛公寓的形状如同一艘航船，代表了集体主义和社会化住宅的典范。公寓内共有337套居住单元——多数是二层的——像抽屉一样插在一个165米长、56米高的混凝土结构的框架里。马赛公寓一共有23种户型，从一室户型到全家带八个孩子的户型。公寓的一项创新是在大楼内设立了一个服务层，由储藏室、邮局、餐厅和小型旅馆所组成，位于建筑的一半高度处，在

↑ 3 正立面外观（L. 埃尔韦摄影）
↓ 4 平面

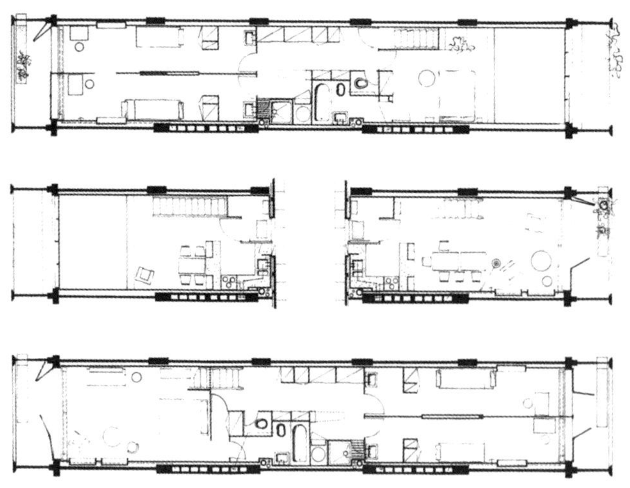

立面上以独特的纵向遮阳装置加以强调。整幢公寓由36根大柱子支承，顶层有社区文体娱乐设施。柯布西耶把功能性的屋顶平台转变成了地中海地区的雕塑花园，里面的造型可以说是建筑中的静物画，也可以说是古风的神秘再现。在这“一战”后的作品中，建筑学语汇“艺术混凝土”、塑性的造型、

↑ 5 主入口（S. 吉迪翁摄影）
↓ 6 十七层平面

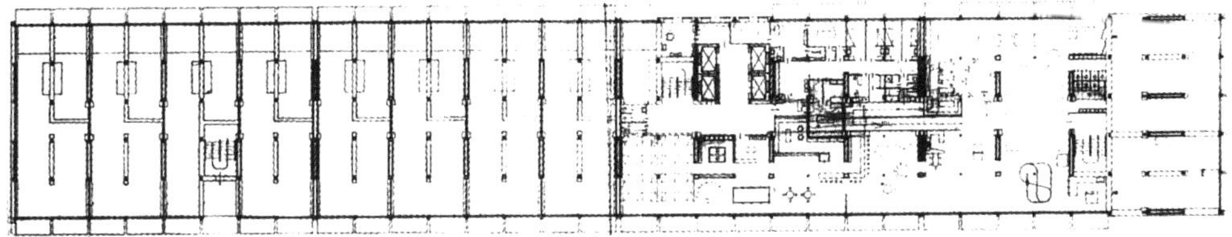

↑ 7 在屋顶平台上嬉戏的儿童（L. 埃尔韦摄影）

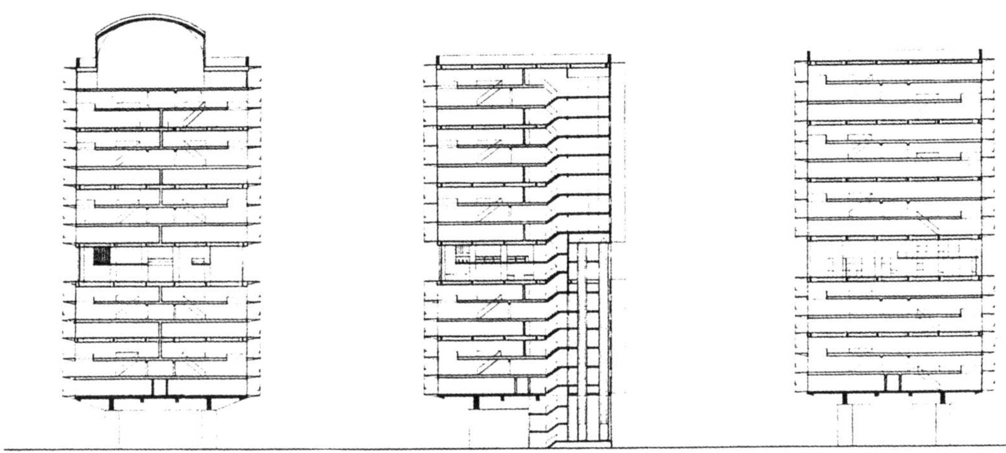

↑ 8 剖面
↓ 9 一套单元的阳台（L. 埃尔韦摄影）

光与影的交织是基本的构成要素，原色的使用进一步强化了它们的效果。空间的尺寸全部依据1942年至1948年制定的“模数”体系，而比例系统则参照了黄金分割和斐波纳契数列，处处表现出人性的尺度。但这一把社会功能与居住功能融合在同一独立的建筑单体内的实验并未在马赛取得成功，视野狭窄和内部功能联系过于固定是主要的原因。直至20世纪80年代，这些需求才得以重新认识。*（V. M. 申德勒）*

（图和照片由勒·柯布西耶基金会提供）

50. “空中楼阁”住宅群

地点：阿尔及尔，阿尔及利亚
建筑师：L. 米克尔，P. 布尔捷，J. F.–拉卢瓦
设计 / 建造年代：1950—1954

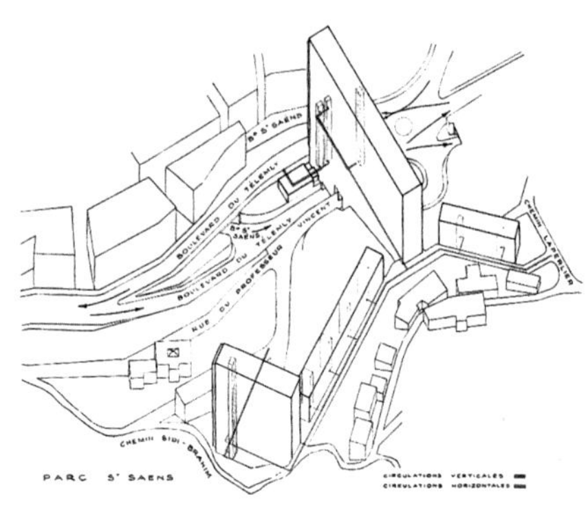

← 1 轴测图（显示 A、B、C、D 四座楼位置）
↓ 2 B 座外观
→ 3 建筑群鸟瞰

这组共284套单元的“空中楼阁”住宅楼群位于半山腰上，由平行于等高线的两幢多层住宅楼和一幢垂直于等高线的高层住宅楼组成。结构为钢筋混凝土框架，双砖填充墙外覆预制水刷石饰面板。多层住宅楼为一梯两户，高层住宅楼则全部为复式单元。在高楼的十层设有商业街。所有的居住单元都有良好的通风。（CABP）

参考文献

Besset, Maurice, *New French Architecture,* New York/Washington: Frederick A. Praeger Publishers, 1967, pp. 40-41.

↑ 4 单元室内（IFA/AN 提供）
↓ 5 A 座平面
→ 6 B 座平面

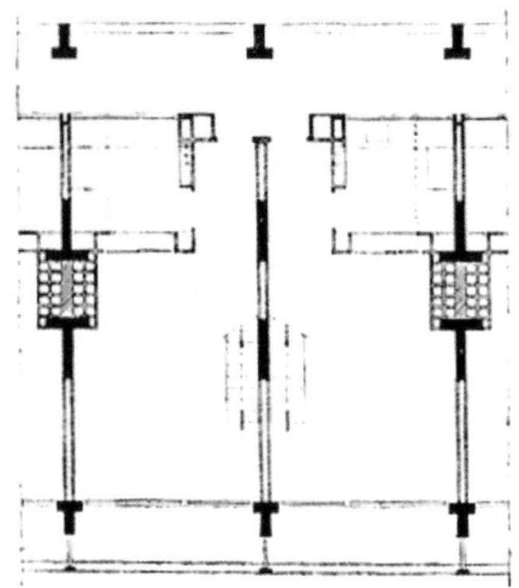

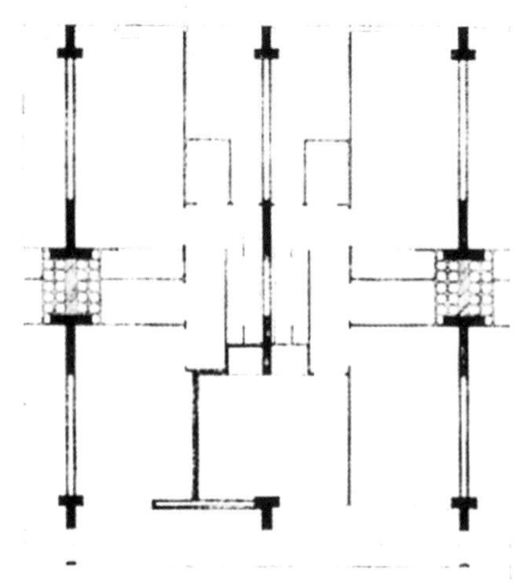

（图和照片摘自法国《当代建筑》第 26 卷第 60 期，1955 年 6 月）

51. 新罗马议会大厦

地点：罗马，意大利
建筑师：A. 利贝拉
建造年代：1954

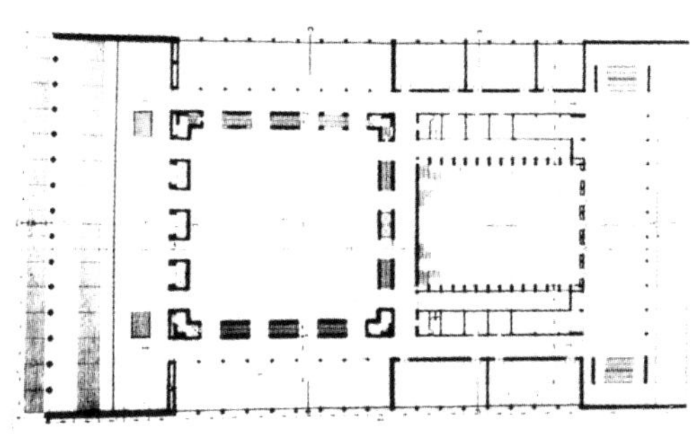

A. 利贝拉（1903—1963年）是理性主义运动的创始人之一，他是1926年成立的理性主义七人集团的成员，在战后还一直活跃。他的主要作品，除了本卷收录的两个外，还有特尼社区展览馆（1950年）、罗马图斯库拉诺区住宅（1950—1954年）、那不勒斯公寓（1954年）、上特伦托的阿迪杰市政厅（1954—1962年）、罗马奥林匹克村（1959年）以及罗马卡瓦扎居住区（1961—

↑ 1 平面（1937—1938）
↑ 2 内院

PALAZZO DEI CONGRESSI

1962年）等。位于罗马新城的新罗马议会大厦突出了建筑师在探索传统建筑与现代建筑运动之间的关系上的能力。

参考文献

Dal Co, Francesco, and Sergio Polano, *Italian Architecture: 1945-1985,* Tokyo: A+U, extra edition, Mar., 1988.

Garofalo, Francesco, Luca Veresani, *Adalberto Libera,* New York: Princeton Architectural Press, 1992.

← 3 全景

↑ 4 内景

↑ 5 会议厅

→ 6 "接待大厅"上的拱顶（1937—1938年）

（图和照片由蓬皮杜中心提供）

52. J. 普鲁韦住宅

地点：南锡，法国
建筑师：J. 普鲁韦
设计/建造年代：1954

↑ 1 内景（普鲁韦家族提供）

J. 普鲁韦住宅位于一个较陡的斜坡上，从那里可以俯瞰城市。住宅背后与山坡之间有一个狭长的安全地带，使前部的立面可以自由地变化。建造这所住宅的构件是普鲁韦从他以前工作的马克赛维尔公司的存货中买来的，这也就是为什么这所房子外观具有同一性的一部分原因。而整个建筑各个局部相对独立的处理和对不同材料的组合，在很大程度上则表明了普鲁韦的审美观。

多种复杂的建筑构件所具有的功能使住宅的室内空间形成了一种拼贴式

↑ 2 内景（普鲁韦家族提供）

↓ 3 室内轴测（I. 达·科斯塔绘图，洛林的档案馆、ADAGP 提供）

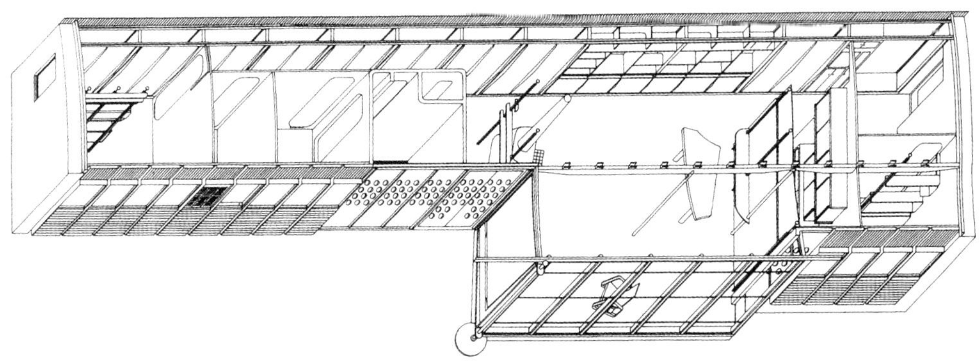

的效果，在大起居室和住宅内私密的部分也采用了这种设计方法。

这种“混杂”的组合也体现在结构上。建筑师普鲁韦利用了屋面材料的弯折设计出了独特的形式和排水天沟。此外，住宅的外立面构件还承担着部分承重的功能。通过这些组合，错综复杂的各种构件之间所表现出来的却是一种简洁明了的关系。

在这个意义上说，这座住宅是普鲁韦设计方法的一个典型代表，他的设计意图是最充分地利用材料的特性，并由此而产生一种有意识的审美效果。

（B. 克鲁克）

↑ 4 全景（蓬皮杜中心提供）
← 5 内景（蓬皮杜中心提供）

53. 朗香教堂

地点：朗香，法国
建筑师：勒·柯布西耶
设计/建造年代：1955

建筑富于动感的造型受到了四周绵延起伏的风景的启发，以回应景观的“画音”。最著名、最富表现力的摄影角度是从南侧看倾斜的外墙缓缓升起至入口处的尖塔以及东侧的墙面，东墙在阳光明媚的日子可用作侧面礼拜堂的歌坛。屋顶的形状像一面风帆，据勒·柯布西耶讲，他是受到了1946年在长岛海滩上看到的贝壳的启发。而从悬挑的屋檐向滴水的开口则在形状上以马的鼻孔为原型。收集雨水的盆被做成各种“理想”的形体：圆柱形、金字塔形以及钝角的锥体

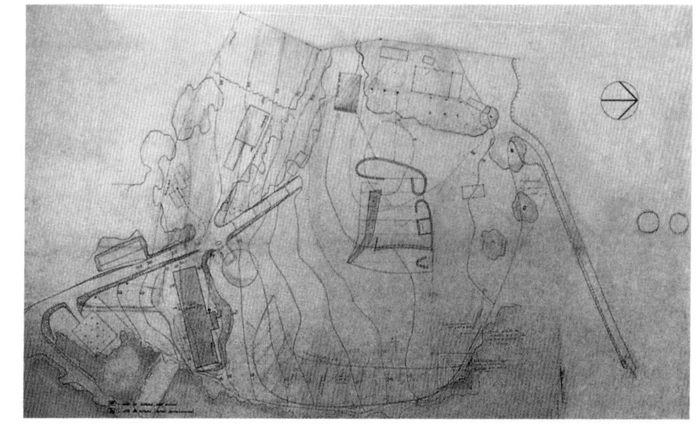

↑ 1 总平面（建筑师草图）

← 2 屋顶转角（维也纳的胡布曼摄影）
↑ 3 教堂后面，可以看到做成几何体的雨水盆（苏黎世的 R. 温克勒摄影）
↓ 4 仪式前的教堂外情境（维也纳的胡布曼摄影）

等。勒·柯布西耶的创作的两个源泉——自然与几何，在此得到了统一。倾斜、曲面上开有小窗的外墙，向歌坛下降的地面以及悬挑的屋顶形成一个“有机”的外壳，其塑性的体量由透过彩色玻璃的光线进一步加以描绘。

无论是勒·柯布西耶的批评者还是追随者，都因这个作品而感到激动，并从中看到了勒·柯布西耶对自身原则的背离。这种“新的非理性主义的宣言”（N. 佩夫斯纳的评论）

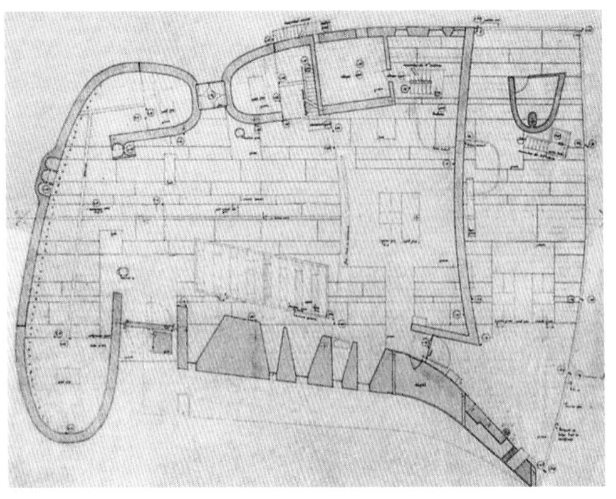

↑ 5在教堂内部向后看（苏黎世的R. 温克勒摄影）
← 6平面（建筑师草图）

表面上看起来是与过去背道而驰的，但实际上是对勒·柯布西耶早年作品的集成与延续。朗香教堂空间的动感对20世纪50年代和60年代教堂建设的高潮产生了重要的影响。*（B.毛雷尔）*

7 教堂内景，近处为布道坛（苏黎世的 R. 温克勒摄影）

8 外立面（建筑师草图）

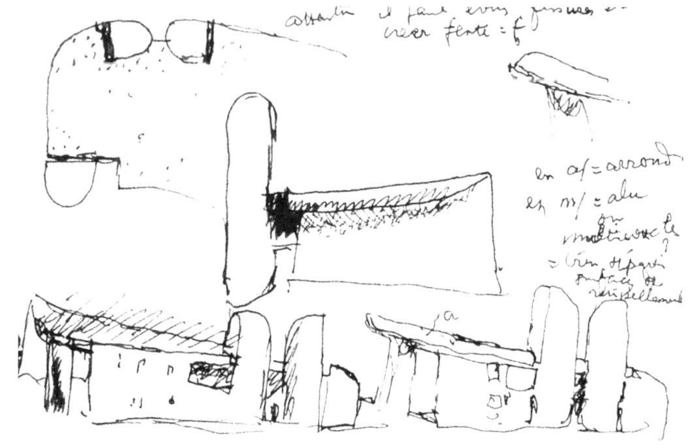

54. 塔拉戈纳市政大楼

地点：塔拉戈纳，西班牙
建筑师：A. 德・拉・索塔
设计/建造年代：1957

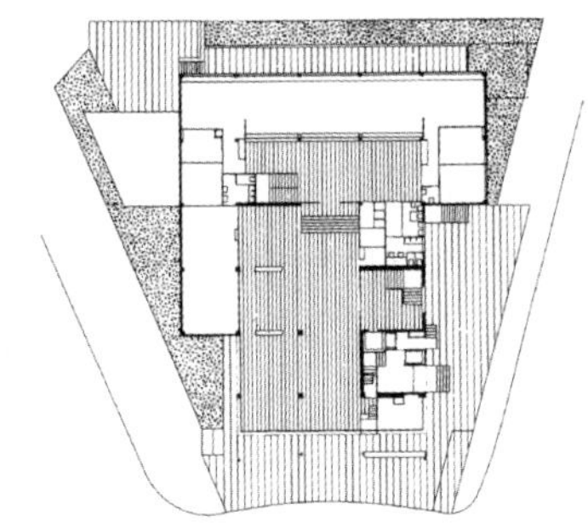

→ 1 底层平面
↓ 2 透视图

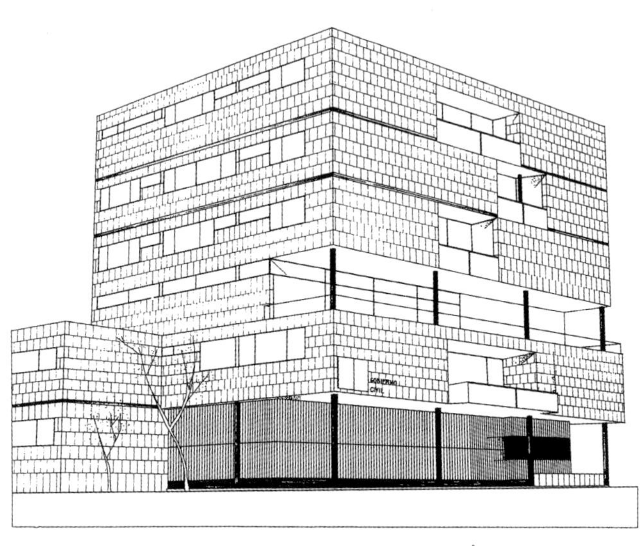

A. 德・拉・索塔在塔拉戈纳市中心广场上的政府办公楼的设计竞赛中获胜。据说他赢得竞赛是因为把握住了两条主题："对不同功能的体量组织及对一条轴线的界定，虽然不免有些做作，但是这条轴线为建筑的外观带来了秩序感并表达了建筑的性质。"这座建筑的重要性并不仅限于此。弗兰姆普敦评价说："它代表了一个转折的时刻，那种曾被法西斯政权热衷的传统

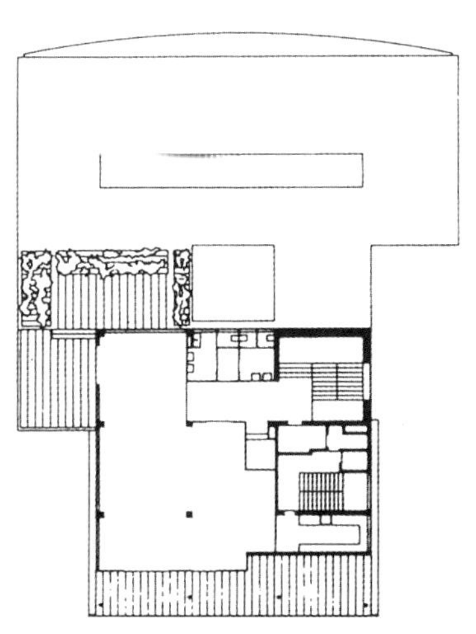

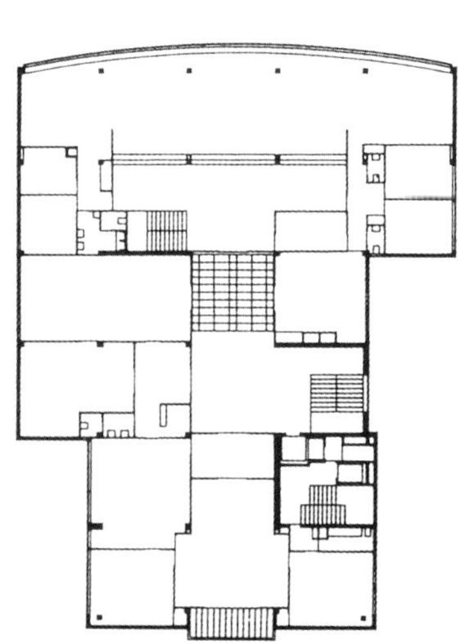

↑ 3 主立面

← 4 二层平面

→ 5 三层平面

的石头建筑的纪念性，如今也可以通过平面的、动感的墙面加以表达。”其结果是“德·拉·索塔这座谦逊而又富于动感的建筑成为随后十年西班牙建筑纷纷效仿的典范”。在1985年，德·拉·索塔与J. 利纳克斯一起对建筑进行了修复。（CABP）

参考文献

Frampton, Kenneth, *Modern Architecture, A Critical History*, 3rd ed., London: Thames and Hudson, 1992, pp. 335-336.

Ignasi de Solà-Morales et al., *Birkhäuser Architectural Guide: Spain*, 1920-1999, Basel: Birkhäuser, 1998.

↑ 6 背立面外观

← 7 内景

（图和照片摘自《建筑师A. 德·拉·索塔》，马德里：Edficiones Pronaos出版社，1989年）

55.“法国风土”住宅群

地点：阿尔及尔，阿尔及利亚
建筑师：F. 普永
设计/建造年代：1954—1957

1 总平面
2 建筑全景

地段特殊的山地条件使普永能把城市的一部分当作一个建筑作品来处理。通过纵贯地段的分析，普永充分利用了各个台地之间的高差，将建筑按照古老的卡斯巴的规划原则设计，使建筑的每个部分都能享受到大海的景观。建筑内部设计了大量的坡道、台阶、石板、种有棕榈树的露天平台、喷泉等，整个建筑如同一座小型的伊斯兰城市。

但真正体现法国风

↑ 3 鸟瞰
← 4 模型

土要义的地方是建筑群中央的、长达250米的大庭院。建筑的正立面有一种城堡式的效果，底层设有200多家面向街道的工艺品商店，朝向庭院一侧以砖砌筑，设有通长的石制柱廊。在建筑群内，主体建筑仿佛是一块巨石，它那具有整体感的立面虽有出入口，但其纪念性并未受到影响。石制柱廊的方整石材料采自阿尔勒附近的丰特维尔山洞，建筑的纪念性不仅来自体量及其优雅的组合，更来自以巨型列柱形成的构图，通过这种构图，普永设计似乎象征着一个集体公社的存在。*（G. 拉迪基奥）*

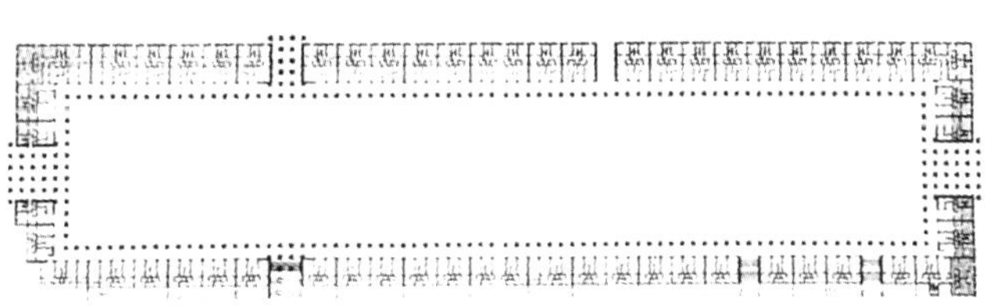

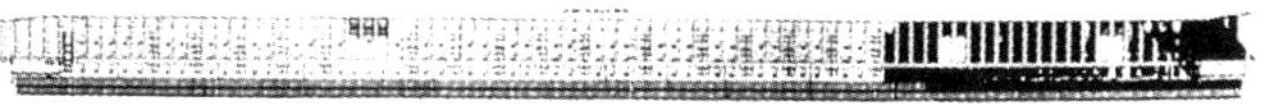

↑ 5 外观

↑ 6 外观局部

→ 7 庭院的平面及立面

（照片由 B. F. 迪贝摄制）

56. 维拉斯加塔楼

地点：米兰，意大利
建筑师：BBPR 事务所
工程师：A. 达努索
设计 / 建造年代：1950—1957

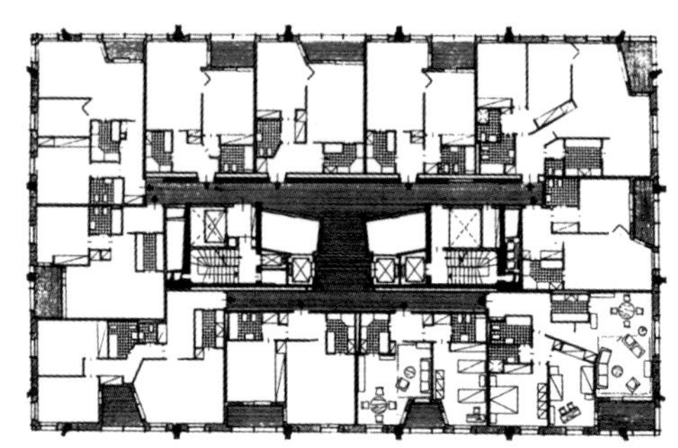

→ 1 楼层平面
↓ 2 在城市环境中的全景

BBPR事务所在米兰市中心建造的维拉斯加塔楼在当时曾遭到强烈的批评。这座塔楼的设计摒弃了国际式的教条主义形式语言，通过这座建筑，BBPR事务所对现代建筑风格的演变问题提供了一种最清晰的回答，为此，罗杰斯是这样说明的："与历史的维度融合在一起，在城市的中心区域引入我们时代的标记。"

最初的设计选用钢结构，后来由于经费上的

3 全景

4 总平面

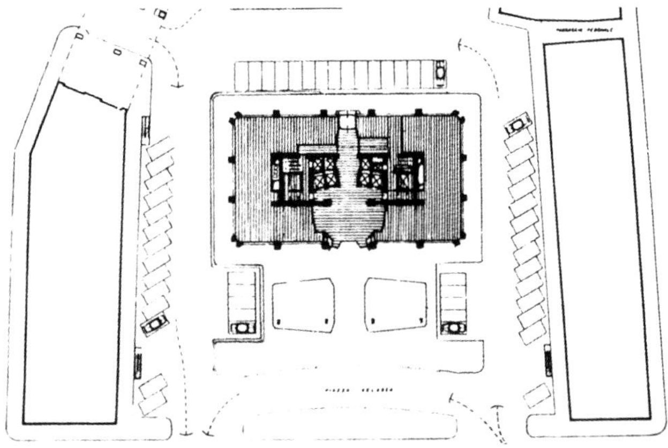

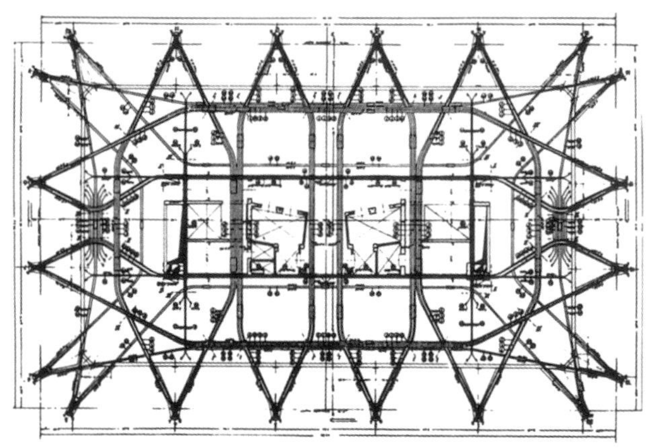

原因而选择了钢筋混凝土结构。矩形的体量分成两个部分，以单坡的屋顶收头。通高的壁柱独立在体量之外，形成了立面的节奏，并将塔楼的体量捆扎在一起。塔楼立面上的开窗是不规则的，它是内部不同使用功能的反映：底层是商店，二层以上是办公室和住宅等。外墙饰面中的大理石和熔渣使维拉斯加塔楼有着一种暖色调，与冷峻的建筑体量共同形成了抽象的中世纪的形象。维拉斯加塔楼在结构与施工技术、形式以及与城市的关系等方面都具有独创性，因此成为意大利当代建筑代表新发展方向的里程碑。（O. 马丁）

↑ 5 外观局部

↑ 6 屋顶露台

← 7 结构平面

（图 1、图 4、图 7 摘自 O. 纽曼《现代建筑文献》，斯图加特：Karl Krämer Verlag 出版社，1967 年；图 2、图 3、图 5、图 6 摘自《建筑编年纪与历史》第 4 卷第 10 期，1959 年 2 月）

57. 雅典卫城及菲洛帕普斯山景观设计

地点：雅典，希腊
建筑师：D. 皮基奥尼斯，A. 帕帕耶奥尔尤
设计 / 建造年代：1951—1958

皮基奥尼斯设计的石板路有如连接菲洛帕普斯山与雅典卫城山门的“地毯”。菲洛帕普斯山一侧的石板路上有两个小艺术品：一个是带座凳的小亭子（圣迪米特里厄斯教堂，“隆巴尔蒂亚里斯教堂”边），另一个是可以环视这一重要历史地段的眺望台。从构图的角度来看，这两个小艺术品都位于建筑开敞空间中具有重要特色的地方，通过皮基奥尼斯在教堂边的封闭空间和眺望台的开放空间中使用的多角形体量，开敞空间与封闭空间自然地结合在了一起。在圣迪米特

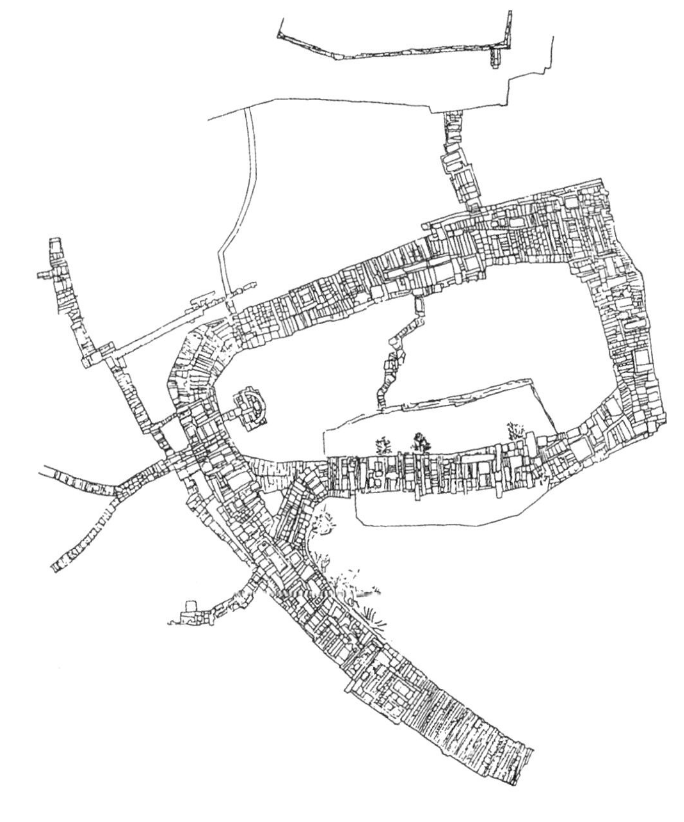

1 总平面

↑ 2 雅典卫城的入口景观
← 3 地面铺装

↑ 4 建筑师草图

↓ 5 细部

里厄斯教堂设有休憩娱乐设施：包括两座宽敞的庭院、一个大门、一座礼拜堂和一家咖啡馆。整个项目通过结构、材料的有节奏的表现实现了效果的统一性。所有的材料都是同质的：如石块和混凝土，后者多用于结构和造型需要的地方。*（Y. 西梅奥弗尔迪斯）*

58. 罗马小体育宫

地点：罗马，意大利
建筑师：P. L. 奈尔维与 A. 维泰洛齐
设计 / 建造年代：1956—1957 / 1957—1958

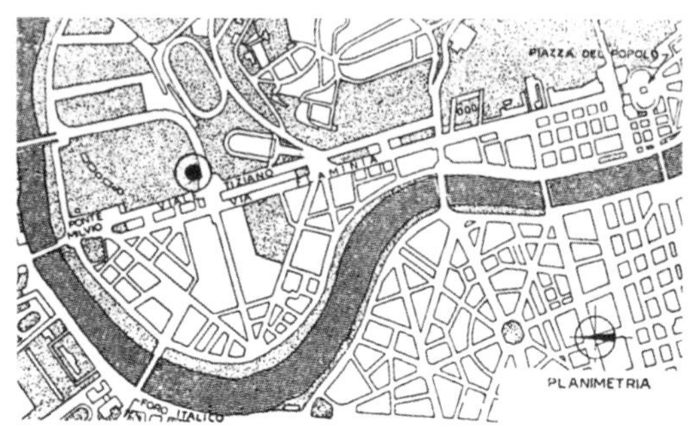

1 总平面
2 体育宫内全景

奈尔维为罗马奥运会设计了三座体育建筑：与建筑师A. 维泰洛齐合作的小体育宫，与M. 皮亚琴蒂尼合作的大体育馆，以及与其子安东尼奥合作的弗拉明戈体育场。体育场上部的跨度问题为奈尔维展现他在结构表现力方面的独特才华提供了机会。

容纳4000座至5000座的小体育宫的上部是一个较矮的穹顶结构，顶棚由预制构件组成，通过现浇混凝土梁联系在一起。现

↑ 3 入口局部

→ 4 主楼层平面

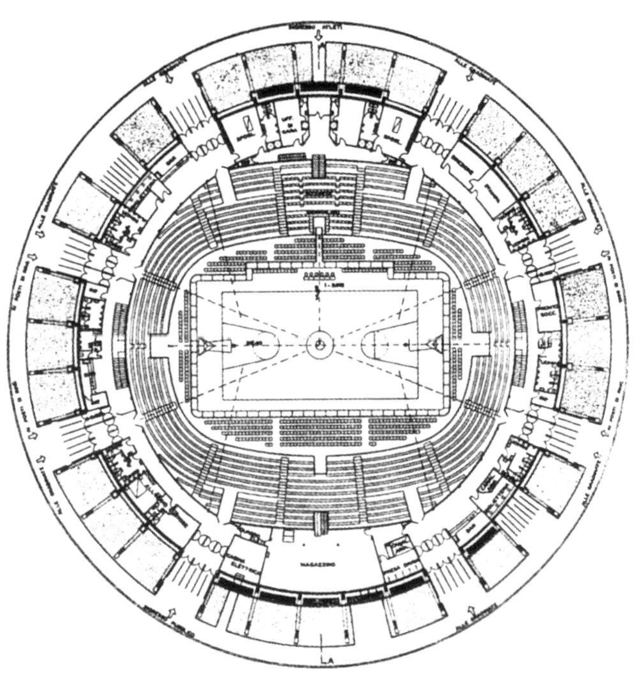

浇梁编织出了一个优美的网格，穹顶中心的洞口为网格提供了照明。预制的Y形支柱像张开的手指一样支撑着梁所传递的全部屋顶结构的重量。

奈尔维并不是建筑师，他是一个建筑工程师，他的作品证明了蕴含在结构逻辑中的诗意之美。他通过对建筑设计和结构表现的统一延续了古典建筑的传统，他也因此对解决20世纪建筑面临的最大的论争做出了巨大的贡献，这一论争就是“建筑的外观与结构是彻底不相关的吗？”。*（A. 沃多皮韦茨）*

↑ 5 工地情境

→ 6 混凝土结构与玻璃窗细部

（图和照片摘自《建筑编年纪与历史》第 3 卷第 27 期，1958 年 1 月，第 584—593 页）

第 4 卷

环地中海地区

1960—1979

59. 克拉尼市议会厅

地点：克拉尼，斯洛文尼亚
建筑师：E. 拉夫尼卡
设计 / 建造年代：1954—1955 / 1958—1960

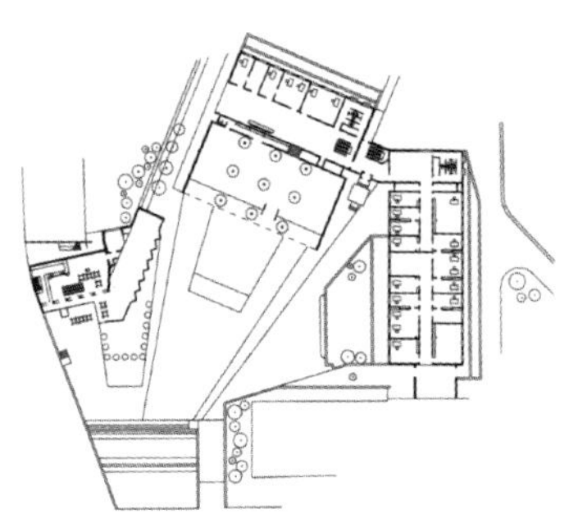

↑ 1 底层平面
← 2 门

对于拉夫尼卡来说，空间环境关系是建筑设计理念的依据。这就是为什么他把本来规模不大的建筑分成了若干体量，并由此围合成一个新建的小广场的原因。

室外空间的轴线由一个古典式的对称的市议会厅作为主导，其意象来源于古代的神庙。建筑物的主要部分经结构处理抬高，成为视觉上的一个重点。上面的屋顶做成折板的形式，其下悬挂议会厅

的顶棚。大厅的室内空间也就不需要任何的垂直支撑构件，因此，可以利用建筑的整个宽度。从构图上说，中央议会厅体量的古典式对称与建筑群总体构图的不对称相辅相成。

从这个现代设计理念中我们可以找到传统建筑的痕迹：坡屋顶、理性的构造、地方的建筑材料（素混凝土、玻璃和木构架）、简洁的细部、内部空间的清晰组织和以新技术表达的庄重感。在这一作品中，拉夫尼卡把现代艺术的创新与对传统的尊重统一了起来。*（A. 沃多皮韦茨）*

↑ 3 全景

↑ 4 主会议厅

（图和照片由E. 拉夫尼卡提供）

60. 拉土雷特修道院

地点：埃夫尔，法国
建筑师：勒·柯布西耶
设计/建造年代：1960

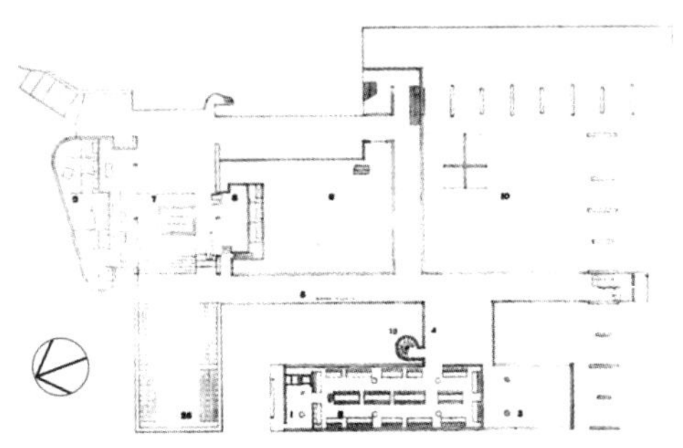

↑ 1 密室层平面
↑ 2 较低一侧的、依地势而建的小教堂内景

多明我会的拉土雷特修道院坐落在阿布勒西河上的埃夫尔，是勒·柯布西耶晚期最重要的作品之一。根据弗兰姆普敦的评论，勒·柯布西耶在创作这一作品时受到两个建筑原型的启发：宗教建筑和隐居建筑，它们分别代表了“神圣的团体性”和“隐居”这两种范式。这件作品具有两重性，包括了一个公共的教堂部分和一个私密的修道院部分。较大的地形高差使建筑师

有机会表现“教堂的竖向体量与修道院回廊的水平体量之间的对比”。

参考文献

Frampton, Kenneth, *Modern Architecture, A Critical History,* 3rd ed., London：Thames and Hudson, 1992, pp. 227-228.

↑ 3 建筑的构图从山坡的制高点开始，不同的功能分区向下面的山谷依次排列。建筑由支柱抬起

↓ 4 修士生活层平面

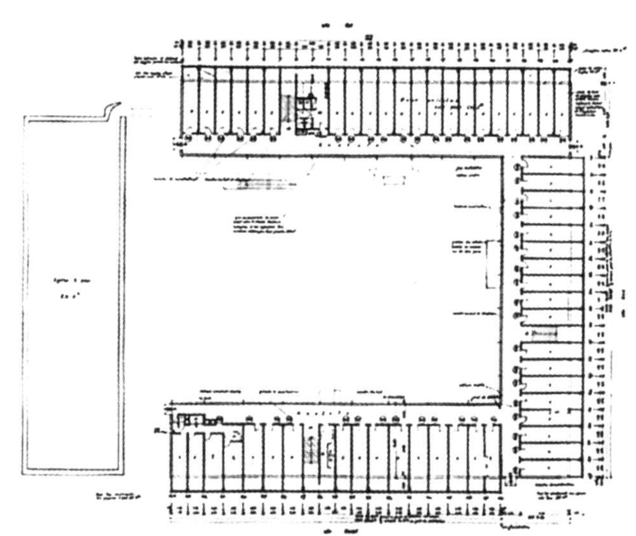

← 5 外观
↓ 6 东侧内院的修道院回廊与小教堂的尖顶

（照片由苏黎世的 B. 莫斯布鲁格摄制，图和照片由勒·柯布西耶基金会提供）

61. 皮雷利大厦

地点：米兰，意大利
建筑师：G. 蓬蒂与 G. 瓦尔托利纳，E. 德洛尔托
设计 / 建造年代：1956 / 1961

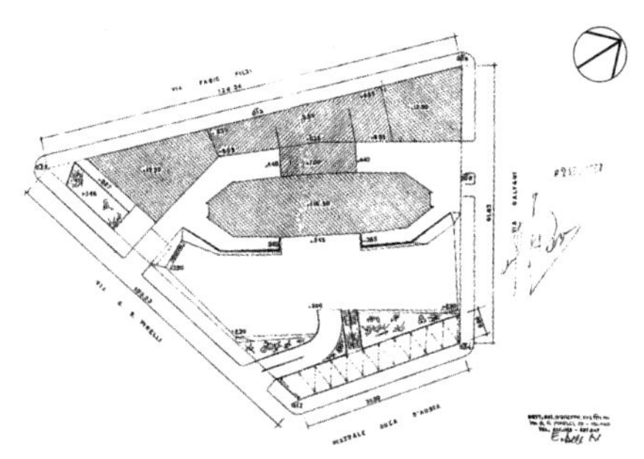

1 总平面
2 街景

皮雷利大厦位于米兰火车总站和商务区之间，其挺拔的轮廓成为米兰的一个标志。建筑的形式是建筑师G. 蓬蒂与结构工程师P. L. 奈尔维、A. 达努索之间合作的结晶。通过创造性地使用钢筋混凝土结构，蓬蒂在这座大厦上实现了他在作品中一贯保持的那种通透、轻盈和优雅的效果。大厦两端有中空筒体支撑，中间有四根巨大的柱子向上逐渐收分，在视觉上强调了建筑的高

HOTEL

度。大厦有一定的进深，而高度达127米，仍然保持了纤细的感觉，这是因为设计师把大厦的侧面设计成了折面形，并在转折处以通高的玻璃划分出节奏，弱化了办公楼巨大的体量。办公楼与扩大的底层裙房之间是相互独立的，二者通过廊桥相连。

这座大厦是诞生于美国的“摩天楼”在意大利土地上的最为优雅的一个作品。G. 蓬蒂不仅设计建筑，还设计家具、汽车和船舱，他通过这个作品有力地向人们证明，建筑，不管什么样的理论，最终都是要靠形式说话的，而最终的形式则是对个人能力和原创性的试金石。（A. 沃多皮韦茨）

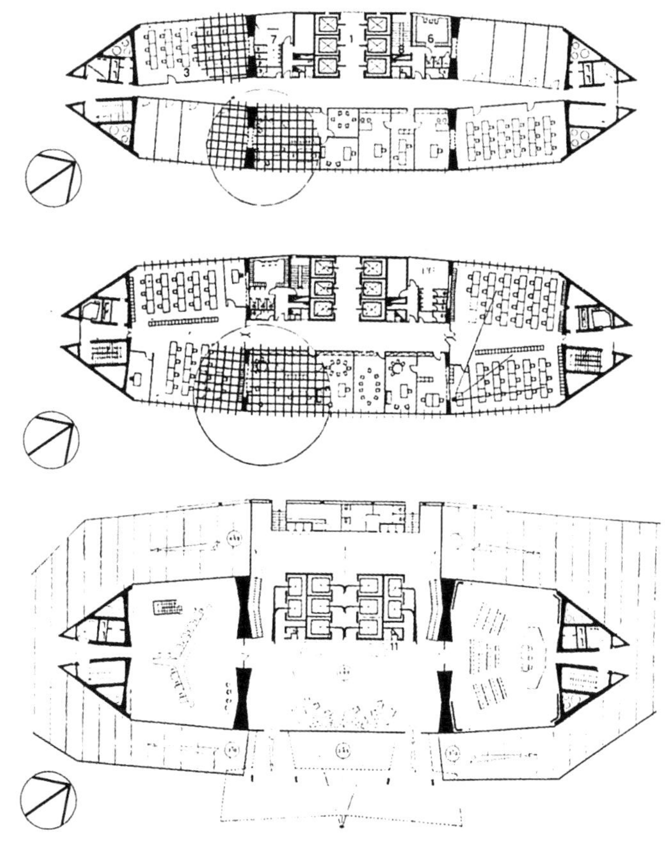

3 全景

4 入口

5 底层平面和标准层平面

62. 佐克西亚季斯事务所办公楼

地点：雅典，希腊
建筑师：C. 佐克西亚季斯，T. 库拉韦洛斯，A. 舍佩斯
设计 / 建造年代：1955—1961

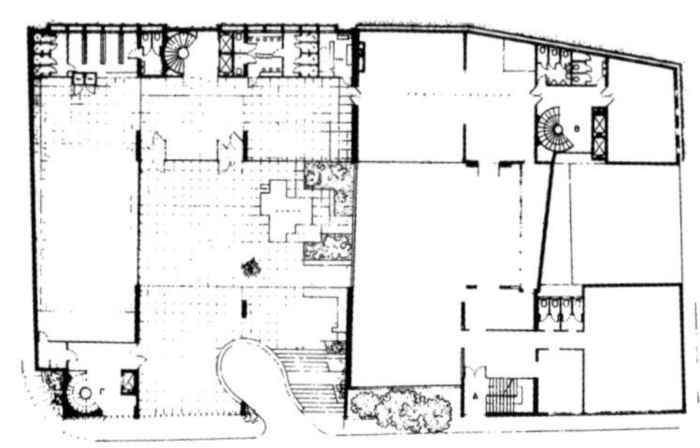

↑ 1 办公楼底层和地下室平面
↑ 2 内院

建筑位于利卡比托斯山的矮坡上。整个建筑由三部分组成，中间围合了一个很大的内院，保证了所有的房间都有良好的自然采光和通风。作品的基本构思是创造自由的，不带柱子和墙的大房间，以满足绘图室和其他办公室的需求。随着业务的扩展对房间的需求增加，大房间又可以借助可移动的隔墙划分成若干标准大小的房间。中间的内部庭院一方面是办公楼的中庭，另

↑ 3 以山为背景的正立面

一方面也形成了一种特殊的入口形式，为底层的房间通向室外创造了条件。如同建筑师所说的那样：“从每一层的任何地点都可看到利卡比托斯山的岩石和树林，感知建筑环境的自然美；建筑的另一面是城市，其中不乏失败的教训；远处的背景是雅典卫城，伟大建筑的象征。而建筑师就位于这个环境之中，思考着该选择什么样的道路。”*（Y. 西梅奥弗尔迪斯）*

↑ 4 建筑全景

← 5 外观局部

（图和照片由建筑师提供；照片由D. 查里西亚季斯摄制，图片由A. 舍佩斯档案馆复制）

63. 扎努西公司办公楼

地点：波尔恰，意大利
建筑师：G. 瓦莱
设计/建造年代：1959—1961

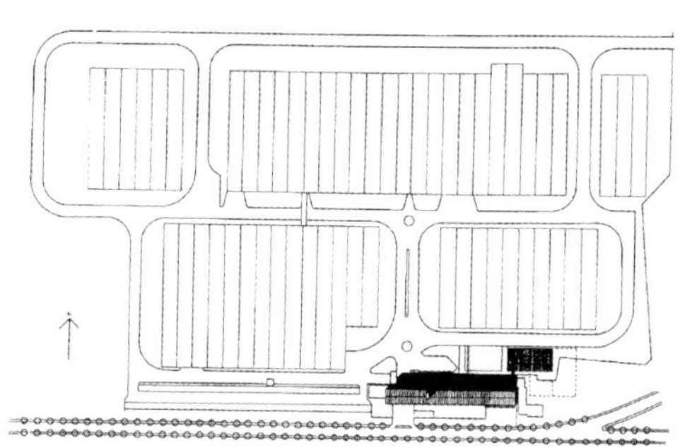

← 1 总平面
↓ 2 剖面

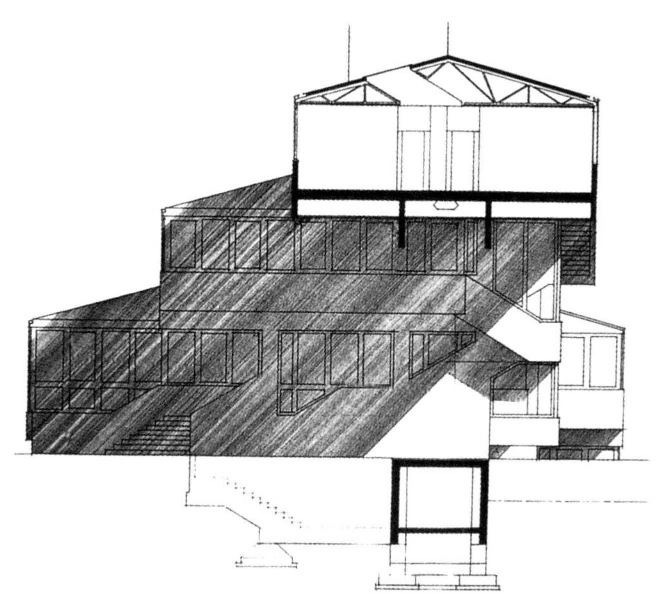

建筑师瓦莱将扎努西公司办公楼放在高速公路两旁，其布局就像是被一条界线分割的两个世界一样：一边是厂区，另一边是典型的意大利北部乡间景色，包括别墅和公司的生产车间。两个世界有着两种不同的建筑。朝向道路的一侧有一道长长的大门，象征着中世纪城堡的围墙，以粗野主义的风格用艺术混凝土建造，其构成主义的细部十分引人注目：通过严整的节奏强调

承重构件和大台阶，坚实的上部结构像横梁一样贯穿在上方，跨越主入口，形成了工厂宏伟的大门。在工厂的内部院落中，气氛则迥然不同：轻盈的办公楼层组成了一个个平台一样的空间，以玻璃幕墙围合成温室那样的气氛，再加上顶部天光的使用，使楼层内部的空间获得灿烂的日照。

通过这一作品，瓦莱向人们表明，即便是像这样一座不起眼的地方工业建筑也能够产生重要的建筑价值，其存在能够改变原有环境的面貌。*（A. 沃多皮韦茨）*

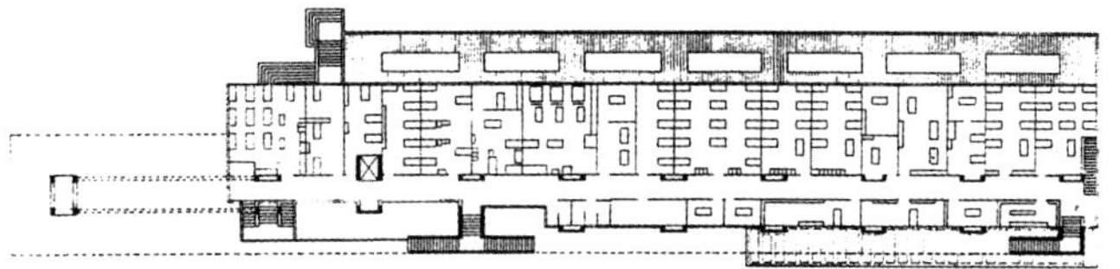

← 3 全景
↑ 4 外观
↑ 5 外观局部（C. 德・本代蒂提供）
→ 6 办公楼底层平面

（图和照片由 S. 莫诺提供）

64. 拉利卡达别墅

地点：巴塞罗那，西班牙
建筑师：A. 博内特
设计/建造年代：1949—1962

20世纪30年代，A. 博内特开始了他的建筑事业。在西班牙内战期间，他流亡到阿根廷首都布宜诺斯艾利斯，在那里创作了一系列重要的作品。1949年，博内特重返巴塞罗那，接到了在海边一块辽阔平坦的松林地上建造一座豪华的度假村的任务。度假村的建筑位于一个由石头的挡土墙抬起的不太高的台地上，在周围平坦的地势的衬托下，显得高低起伏，错落有致，修建了花园、游泳池等。在住宅部分的设计中，博内特采用了正方形边长为8.8米的统一模数，在四个角上的

← 1 内景（F. C. 罗卡摄影）
↑ 2 外观（F. C. 罗卡摄影）
→ 3 1953 年制作的建筑总体模型

← 4 外观局部（F. C. 罗卡摄影）
↓ 5 侧面外观（F. C. 罗卡摄影）

四根柱子支撑着上面的平拱，并以此作为整个度假村各个房间的模数，并通过有意识地叠置与开敞形成了一系列分级递减的空间关系。室内空间、门廊所限定的过渡空间与分散的室外空间之间可以相互流通，使花园与室内空间总是相互交融。另外，博内特又把该模数再进一步精确地细分，据此来设定房屋内的所有构件尺寸：铺设甬道的石板、门、窗等。住宅给人们的形象是由一系列的拱顶和大面积的彩色玻璃组成的。从远处看，无数拱顶就好像悬挂在空中并在水平方向上自由地伸展。从室内看，顶棚仿佛在飘浮，回应着松树的树冠，而松树的树干则在室内空间中浮游着。*（J. J. 拉韦尔塔）*

（图和照片摘自 F. 阿尔瓦雷斯《拉利卡达别墅》，巴塞罗那：加泰罗尼亚建筑师协会，1990 年）

65. 威尼斯双年艺术展览园北欧馆

地点：威尼斯，意大利
建筑师：S. 费恩
设计 / 建造年代：1958 / 1958—1962

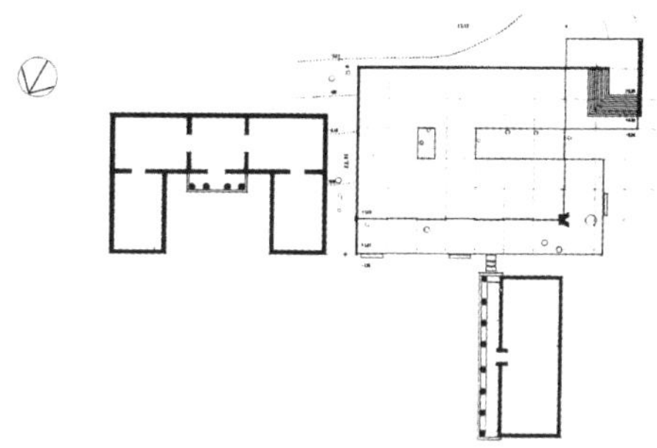

1 总平面
2 正面外观

北欧馆是20世纪建筑的一项奇迹：它在建筑学上的重要价值不是源于丰富的形式、贵重的材料、革命性的技术或是大胆的建造方法，而是来自一个简单而又具独创性的理念。出色地将建筑与自然、光和开敞的空间结合在一起，形成了一种不可思议的体验。

S. 费恩使用极简主义的手法设计建造了这座一体化的展馆。建筑两侧的承重墙和沿对角线布置

的角柱支撑着两片大跨度的边梁，下面是玻璃的隔断，将室内的空间与室外公园的自然景观结合在一起。顶棚由一片片又薄又高的混凝土梁组成，上面覆盖着一层纤维玻璃板，就像蒙上了一层薄纱。薄梁像刀片一样把顶部泻下的地中海天光切开来，涂上了北欧的柔和色彩。室内没有任何承重构件，但原有的树木保留了下来，并穿透建筑的屋顶结构，展示了生机盎然的自然界与简洁而又规整的几何形空间之间的对比。创造出一个完全北欧化的环境——平和、宁静而又个性鲜明的北方光线，以及对自然的独特态度。*（A. 沃多皮韦茨）*

← 3 通过树木看外观局部

→ 4、5 屋顶结构

（图和照片由建筑师提供）

66. 集中营遇难者纪念堂

地点：巴黎，法国
建筑师：G.-H. 潘古森
设计 / 建造年代：1954—1962 / 1961—1962

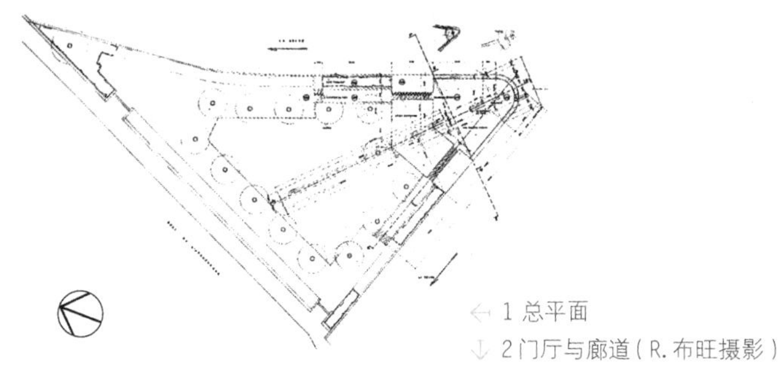

← 1 总平面
↓ 2 门厅与廊道（R. 布旺摄影）

纪念碑地处巴黎城岛的最东端，位于台地平面之下，巴黎圣母院的地窟背面。为实现周围的市俗环境向纪念碑的转换，设计了一个祭礼性的空间序列。在台地上有一个广场标识下行的方向，两边的楼梯把人们引向一座中庭，周边都是厚重的墙体，柱列式的空间周围有高大的巨石墙体。再往前走，紧贴地面有一个低矮的洞口，通过它能够看到塞纳河，这是通往“另一

↑ 3全景（R. 布旺摄影）

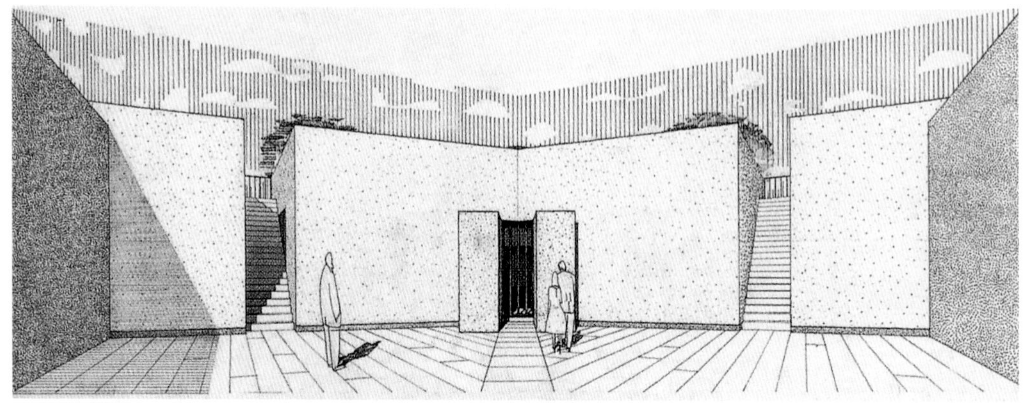

↑ 4 地窟透视图（1959年3月）
↓ 5 南侧通向前院的楼梯（R. 布旺摄影）

世界”的唯一开口。在洞口的前面矗立着一道厚实的铁门，象征着没有人能从这里逃离。对面楼梯的一侧，在两边的楼梯中间有两块巨石，作为通向地窟的标识。地窟六边形的门厅之后有一条长长的廊道，里面的20万根玻璃杆象征着在“二战”集中营中死难的20万法国人。

这是一个真正意义上的纪念碑，它诗化的表现比简单罗列的事实更接近历史的真实，也更具感染力。*（A. 沃多皮韦茨）*

［图和照片由国家档案馆/法国建筑学会（AN/IFA）提供］

67. 马拉维拉学校体育馆

地点：马德里，西班牙
建筑师：A. 德·拉·索塔
设计/建造年代：1962

这座体育馆是紧接着市政大楼之后建造的，其类似粗野主义的风格与市政大楼迥然不同。建筑顶部暴露出大型的曲线形桁架，不仅将自然光引入室内，同时还在其间布置了若干教学用房。服务设施也是露明的。外墙用的是钢和砖。据评论“这座体育馆一直被认为是这一时期西班牙现代建筑的最杰出代表”。（CABP）

↑ 1 外观局部（摘自《A. 德·拉·索塔》，马德里：Ediciones Pronaos 出版社，1989 年）

参考文献

Ignasi de Solà-Morales et al., *Birkhäuser Architectural Guide: Spain, 1920-1999,* Basel: Birkhäuser, 1998.

← 2外观（摘自L. D. 希尔沃《当代西班牙建筑》，巴塞罗那：Blume出版社，1974年）
→ 3内景
↓ 4剖面
↓ 5立面

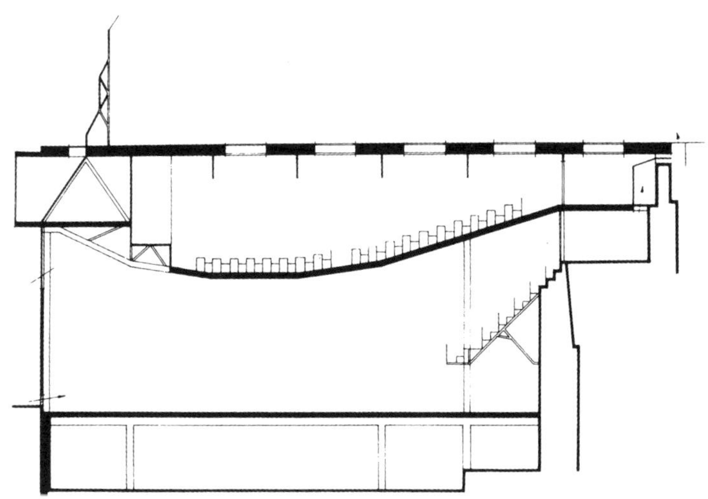

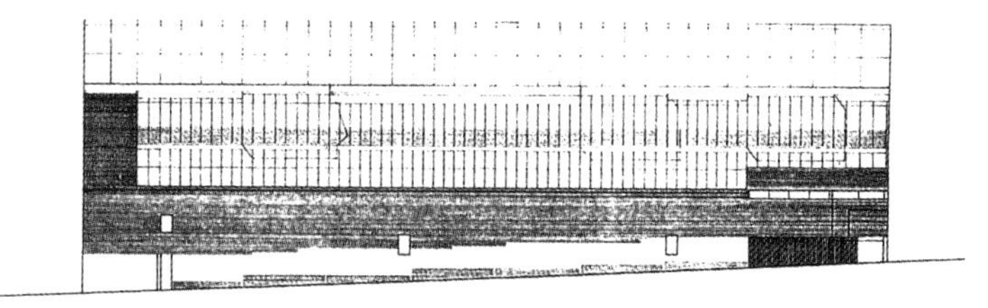

68. 子午线跑狗场

地点：巴塞罗那，西班牙
建筑师：A. 博内特，J. 普伊赫
设计/建造年代：1963

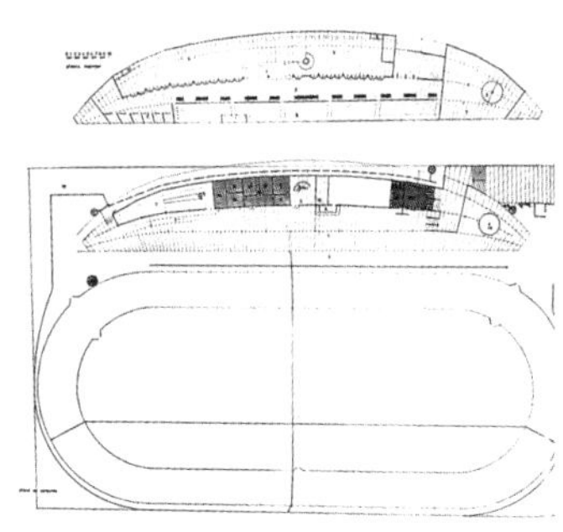

← 1 总平面
↓ 2 结构局部

A. 博内特（1913—1989年）的设计最引人注目的地方是子午线跑狗场的屋顶，它由两条同心的双曲线组成。（CABP）

参考文献

Ignasi de Solà-Morales et al., *Birkhäuser Architectural Guide: Spain, 1920-1999*, Basel: Birkhäuser, 1998.

↑ 3 跑道景观
→ 4 内景
↓ 5 观众席

（图和照片摘自《子午线跑狗场》，《建筑期刊》第 57 期，巴利阿里加泰罗尼亚建筑师协会，1964 年，第 7—9 页）

69. 古堡博物馆

地点：维罗纳，意大利
建筑师：C. 斯卡尔帕
设计 / 建造年代：1956 / 1958—1964

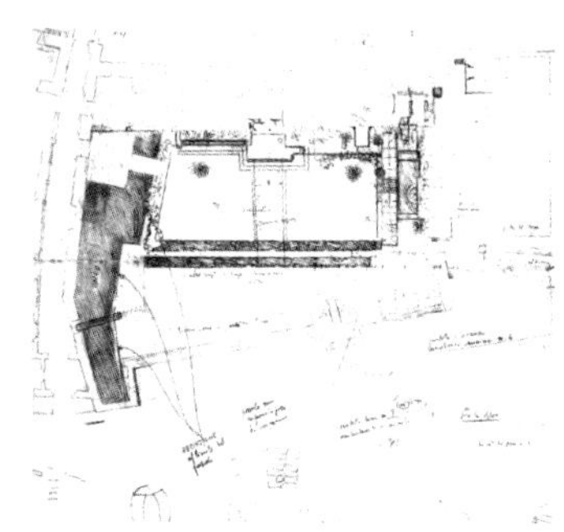

← 1 总平面
↓ 2 博物馆内景一

通过将中世纪的建筑群改建成一所现代博物馆，斯卡尔帕把传统与当代联系在一起，借助历史建筑与现代建筑之间的对话，创造了惊人的表现力。

斯卡尔帕将博物馆内部的流线设计得如同引导人们前行的地毯，从室外的庭园引到室内的走廊、厅堂，通往各个楼层，穿越楼梯和天桥，把参观的人流引向各种有趣的细部和个性鲜明的展品——这

↑ 3 博物馆内景二
↓ 4 博物馆内景三

（图和照片由建筑师和塔西纳里 / 韦塔公司提供）

是对时间性的一种独到的诠释。在新的构件与古代的构件之间、光与影之间、艺术品与建筑空间之间、材质与节奏之间、触觉与视觉之间进行对话，是斯卡尔帕创作这种历史与现实在诗意上的联系的切入点。在斯卡尔帕看来，细部设计是对连续性的接合，是对两种不同材料、相邻表面、不同世界和不同时代的分解、错动和分割。*（A. 沃多皮韦茨）*

70. 帕尔梅拉海滨游泳场

地点：帕尔梅拉，葡萄牙
建筑师：A. 西萨
设计/建造年代：1966

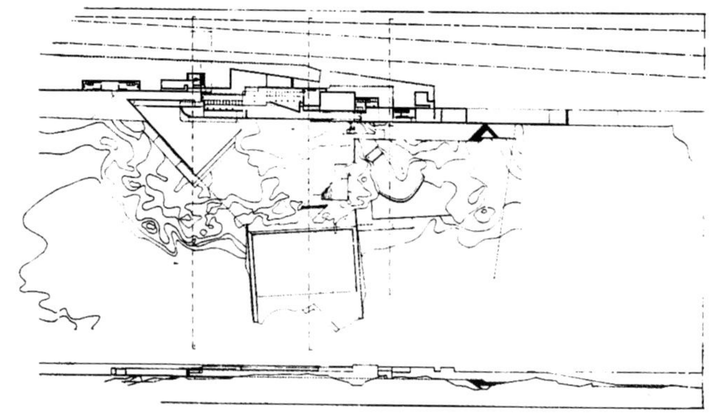

↑ 1 总平面
↓ 2 纵剖面
→ 3 全景

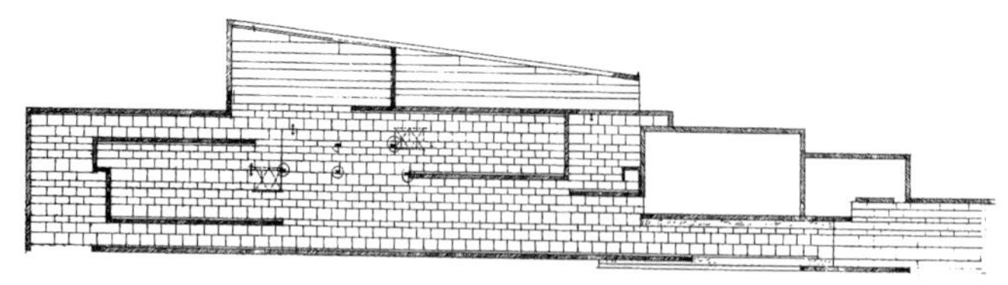

A. 西萨是杰出的葡萄牙建筑师。他于1992年获得普利策建筑奖。在评语中，评委们认为西萨的建筑既是“感官上的享受，同时又能使人们的精神得到升华。每一条直线与曲线中都蕴含着技艺和自信”，“一种貌似简单的、实际上极为深刻的复杂性”。

弗兰姆普敦认为西萨的作品是“对葡萄牙的城市、地域及海景的敏锐的回应”。帕尔梅拉海滨游泳场位于市内公园一个树林覆盖的小山上，利用了原来灌溉用的水池。游泳场的整个体量比道路低，

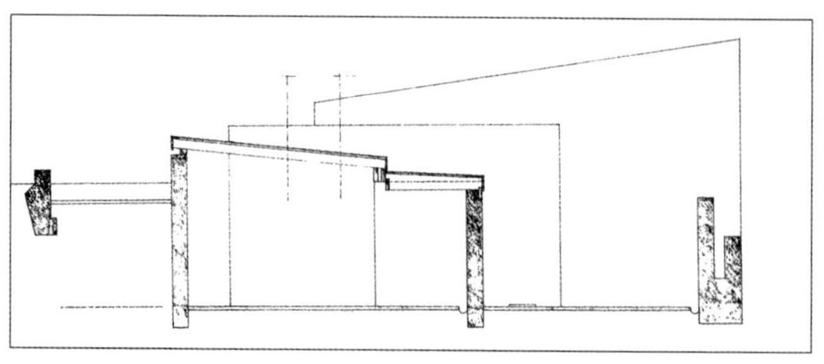

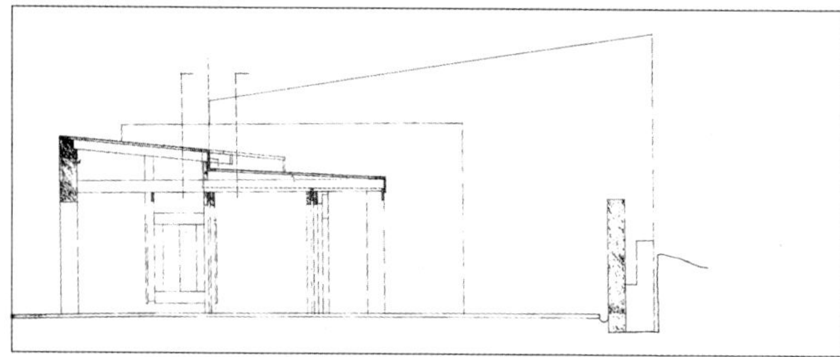

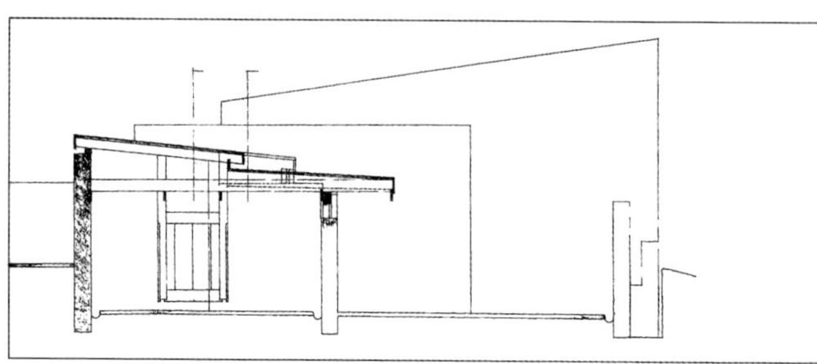

↑ 4、5、6 横剖面

（图和照片由建筑师提供）

这样的处理使过路人观赏大海的视线不至于受到阻挡。交错的平面形成了一系列变化的空间，造就了一种“用墙组成的卫城”的感觉。这座游泳场包括一个大型的游泳池、一个曲线形的儿童游泳池、更衣设施和一个咖啡馆，这些组成了一组三角形的构图。大型游泳池的三面是用钢筋混凝土建造的，还有一边由天然的岩石组成。这座游泳场所应用的材料有建造墙体和楼板的钢筋混凝土、木料和铜皮等。（*CABP*）

参考文献

The 1992 Jury Citation of the Pritzker Architecture Prize, from www. pritzkerprize. com.

Frampton, Kenneth, *Modern Architecture, A Critical History*, 3rd ed., London：Thames and Hudson, 1992, pp. 317-318.

Testa, Peter, *Alvaro* Siza, Basel：Birkhäuser, 1996.

71. 圣贝尔纳代特教堂

地点：讷韦尔，法国
建筑师：C. 帕朗与 P. 维里利奥
设计 / 建造年代：1963 / 1964—1966

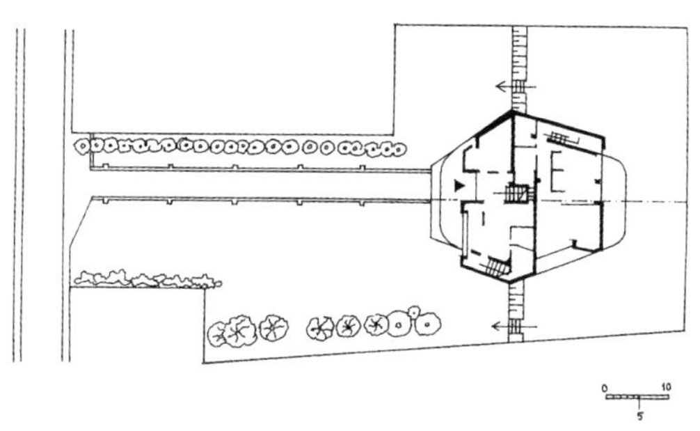

这座教堂坐落在城北郊的一小块地带上，它的周围是一些耕地。它那庞大的整体式造型与周围环境的关系虽然格格不入，但正是这种巨石式的体量和几乎是威胁性的古怪形式，直接创造了一个具有自身个性的场所。

教堂建筑以粗混凝土建成，两个厚重的、贝壳形的、相互咬合的部分从实体墙面上凸出。教堂内部空间呈拱形的洞穴状，地面向下倾斜以产生一种

↑ 1 总平面
↑ 2 外观一（G. 埃尔曼摄影）

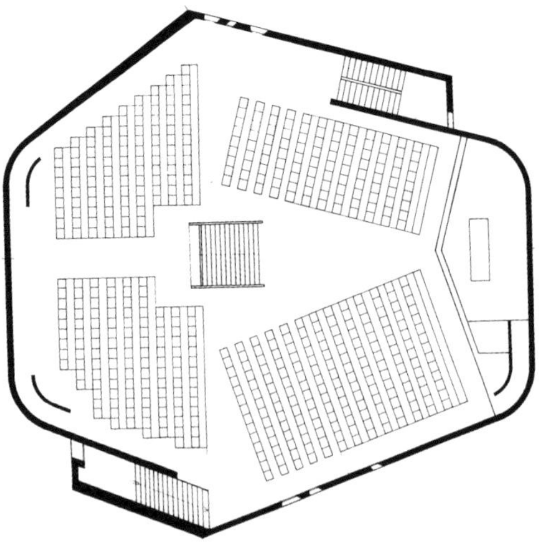

↑ 3 外观二（G. 埃尔曼摄影）
← 4 平面

退隐的感觉。强大、匀质的体量使这座教堂在所有的楼面上给人一种情绪上的不稳定感，这种感觉又由于联想到“二战”时期大西洋一带的防御工事而有所加剧。

这座教堂的设计特点在很多方面都反映出帕朗和维里利奥当年关于“倾斜的作用”和大体量建筑的理论阐述。圣贝尔纳代特教堂是一个建筑宣言，是直到今天仍然备受重视的建筑主题的反映，它自身也在吸引着越来越多的注意力。*（B. 克鲁克）*

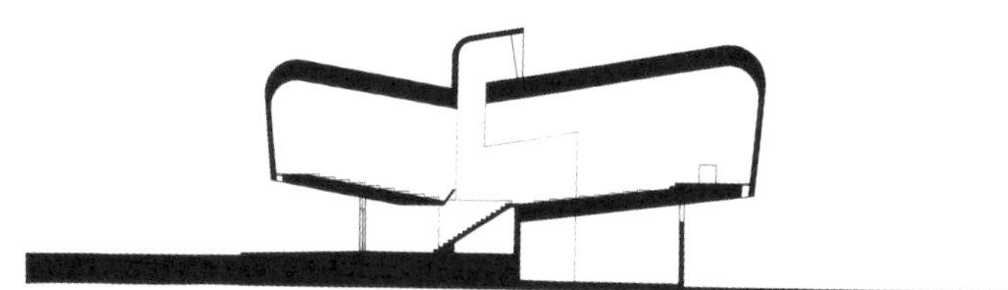

5 内景（G. 埃尔曼摄影）
6 方案草图
7 剖面

（图和照片由 C. 帕朗提供）

72. 巴里斯新城

地点：哈里杰绿洲，埃及
建筑师：H. 法赛
设计/建造年代：1967

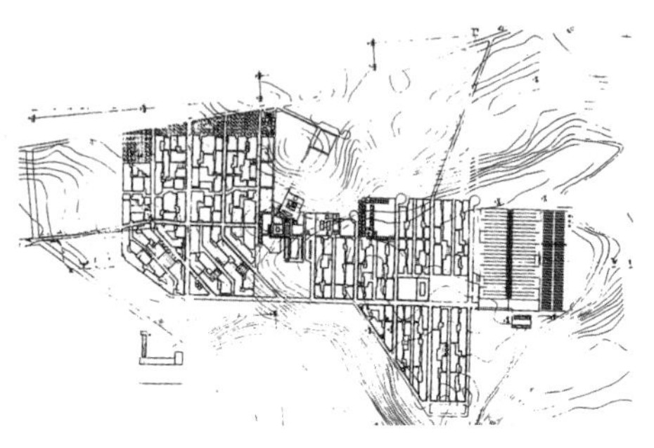

↑ 1 规划总平面
↑ 2 市场背面的通风系统（C. 阿韦迪西安摄影）

与卢克索的古尔那新城（1948年）一样，巴里斯新城也是由埃及政府投资兴建的一座新城，它位于利比亚沙漠中，在哈里杰绿洲以南26千米处，拥有丰富的地下水源。按照规划，巴里斯新城由六座卫星城组成，是“新山谷”地区大规模治沙定居计划最重要的中心之一。

新城有一个公共活动中心，它周围有两个各自能容纳250户居民的住宅区。除了个别地方地形条

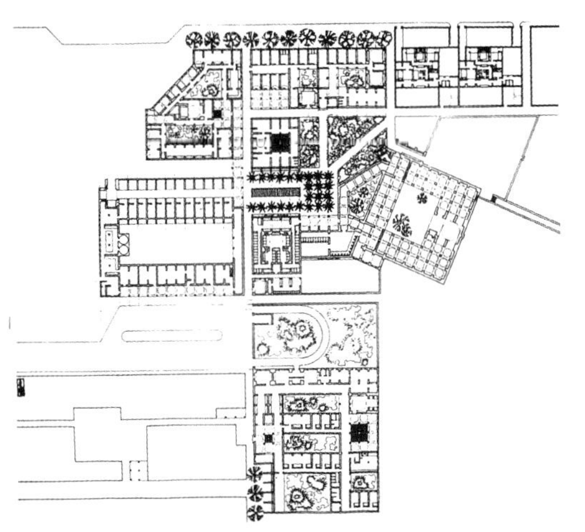

↑ 3新城全景(C. 阿韦迪西安摄影)

← 4村中心总平面

↑ 5西北向的汽车站(C. 阿韦迪西安摄影)
↓ 6建筑群中的市场(C. 阿韦迪西安摄影)

件不允许之外，住宅区基本上沿南北向的主干道布置。通过狭小的内院组织居住空间，朝向为东西向，住宅之间通过迂回曲折的弄堂相连。这种布局适应当地恶劣的气候条件，利用了从基督教早期就存在的巴里斯老城的格局。城中心有一个公共空间，那里有清真寺、医院、行政办公楼、市场和咖啡馆等。除了咖啡馆之外，全都围绕着内院布置。

在建筑设计方面，H.

↑ 7 面向市场院子的店铺立面（A. 卡瓦特利摄影）

→ 8 居民住宅的底层平面

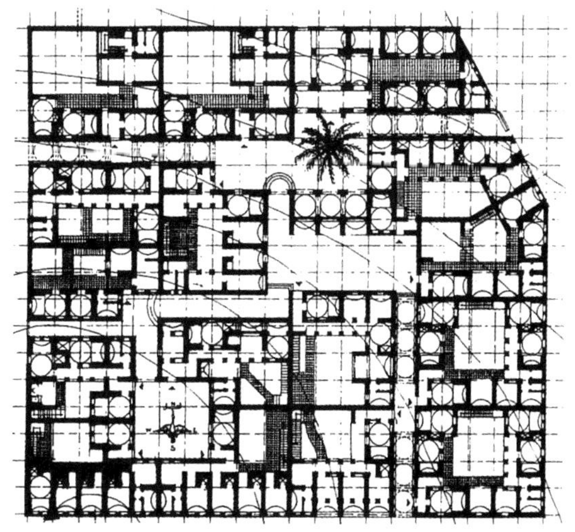

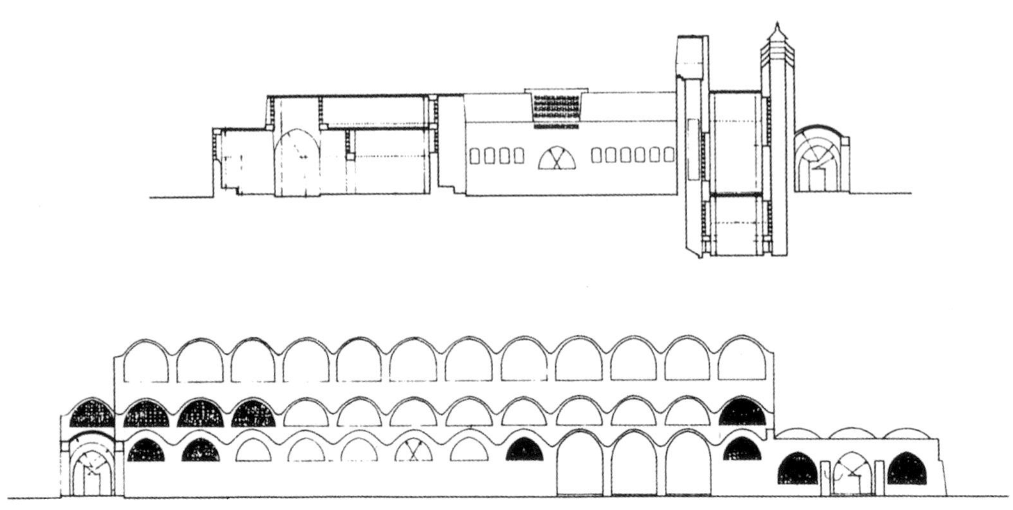

↑ 9 市场的剖面和立面

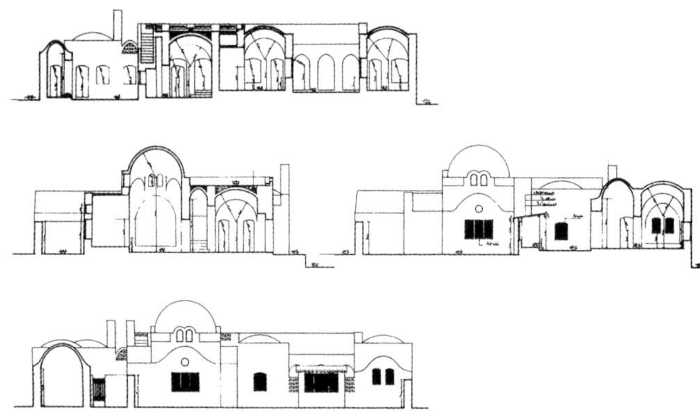

↓ 10 住宅的剖面和立面

（图和照片由阿卡汗文化信托会提供）

法赛完全采用地方的建筑材料、施工方法和建筑形式。特别值得一提的是市场，由于“Malqaf”（气暴）通风塔的作用，市场可以得到降温。在竣工前一年，由于中东战争爆发工程被迫中断，直到今天这项工程仍然还是原来的样子。*（L. 斯塔德勒）*

参考文献

Richards, J. M., Ismail Serageldin, Dart Rastorfer, *Hassan Fathy,* London: Concept Media Press, 1965.

Steel, James, *Hassan Fathy,* London/New York: Academy Edition/St. Martins Press, 1988.

73. 马德里白塔

地点：马德里，西班牙
建筑师：F. J. S. 德・奥伊萨
设计/建造年代：1961—1968

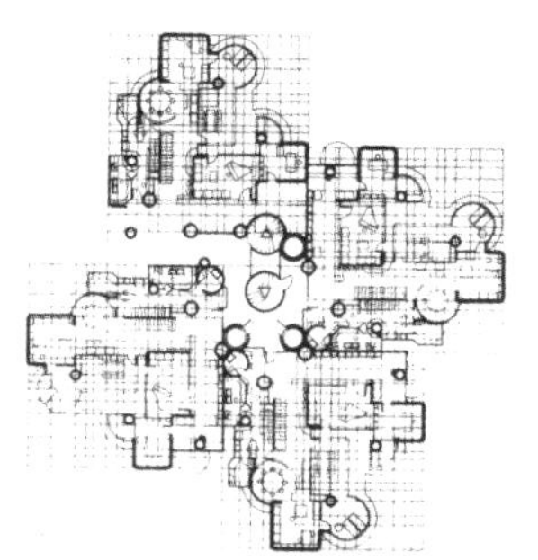

← 1 楼层平面
↓ 2 方案构思

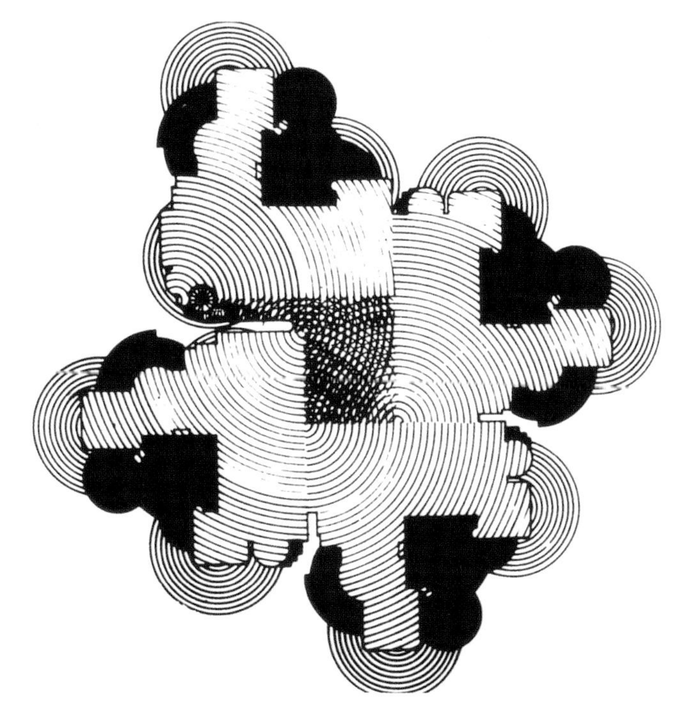

马德里白塔是建筑师S. 德・奥伊萨的经典之作，充分体现了他那多变的，有时略显矛盾的风格。最初的设计方案是在通向马德里市的公路入口处，面对城市川流不息的车流，竖起一对高耸的纪念性双塔。一根根巨大的柱子，像是一棵棵向上生长的树，成为喧闹的城市交通的背景。尽管最终只落成了一座，仍然达到了设计预期的效果。

建筑的外观设计，不

光是塔楼，无疑受到了赖特的影响。层层叠叠的混凝土阳台由木制的百叶窗所遮盖，巨大柱子的直径变化不一，其惊人的高度以及柱顶上那些宽大而又美丽的花房，使整个塔楼宛如一个由无数结实有力的臂膀撑起的空中花园。建筑的平面是由一个复杂的形状绕中心旋转而成，这强化了建筑的表现力度。垂直交通位于平面的中心，形成了一个坚实的核心，与运动着的外表形成了对比。

塔楼顶层有一系列的公共服务设施，包括幼儿园、游泳池和餐厅。这些设计不仅供楼内居民使用，而且全部对外开放。于是，白塔不仅因其圆形的外表而突出了纪念性，而且也成为在其脚下延伸的马德里市的最高的建筑物之一。（J. J. 拉韦尔塔）

← 3 外观
↑ 4 立面局部一
↓ 5 立面局部二

（照片由M.-U.希门尼斯摄制，图和照片摘自L. D.希尔沃《当代西班牙建筑》，巴塞罗那：Editorial Blume 出版社，1974 年）

74. 加拉拉泰塞 2 号住宅

地点：米兰，意大利
建筑师：C. 艾莫尼诺与 A. 罗西
设计 / 建造年代：1969 / 1970—1973

在最早由C. 艾莫尼诺设计的加拉拉泰塞2号住宅建筑群中，A. 罗西找到了一个以混凝土建筑实现他的建筑类型学理论的机会。在此之前，他曾与G. 格拉西在圣洛可已经建成了一个院落式的住宅类型。这次他所选择的是外廊式公寓。

这群外廊式公寓所处的斜坡呈缓缓上升的趋势，整个住宅楼绵延182米，并且有一条空中走廊。A. 罗西将公寓房屋的这条空中走廊设计成住宅群内部的街道，它将彼此相邻的单个住宅连接在一起，每套住宅都由两间房

1 外观一
2 外观二
3 A. 罗西设计的草图

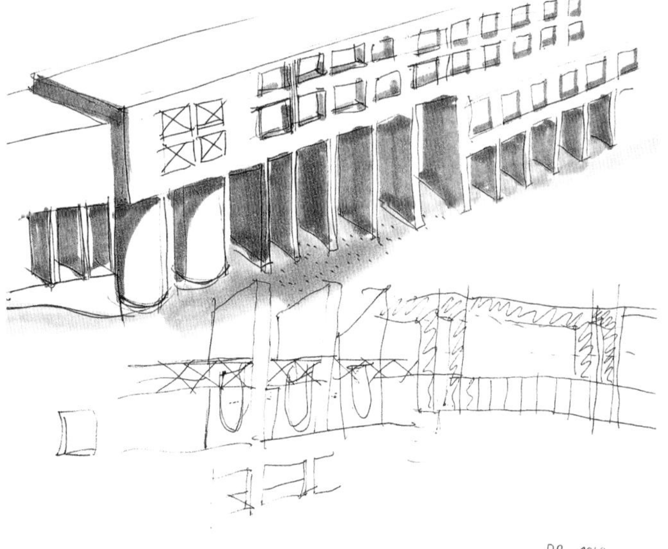

↑ 4 外观三

↑ 5 立面细部
↓ 6 全景

（图和照片由A. 罗西建筑师事务所提供）

屋组成。由于住宅群的长度太大，因此有必要在建筑中部设置一道变形缝，将整个建筑群分为两部分，在变形缝处还设立了双柱。

在这组建筑中，所有的细节形式都被彻底地简化，宣言般的基本设计成为核心问题。这种设计思路体现了A. 罗西在他1966年出版的理论著作《城市建筑》一书中所提及的一些基本问题，它们在当时曾经是建筑界争论的中心问题，如：历史建筑元素的使用（如这里的巨柱），个体居住空间与公共开放空间之间的类型学关系，以及建筑与领域之间的关系等。*（H. 蒂本）*

75. 米罗基金会馆

地点：巴塞罗那，西班牙
建筑师：J. L. 塞特
设计/建造年代：1968—1975

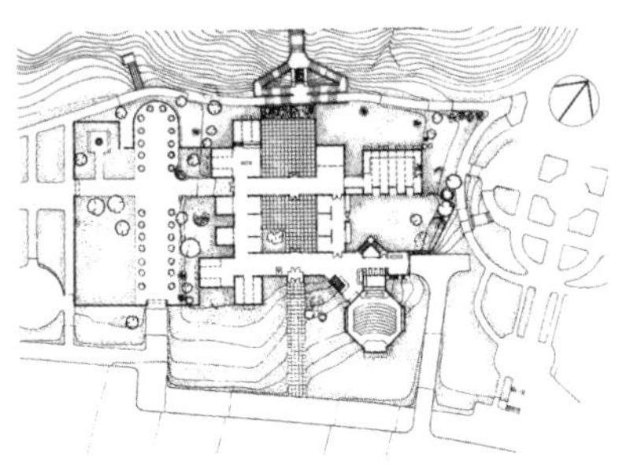

← 1 总平面
↓ 2 内景
→ 3 从庭院看城市

J. 米罗基金会位于巴塞罗那胡伊卡山山坡的一个公园内，内部设有永久性的米罗作品展览，用于现代艺术研究的空间和举办临时性展览的展廊。这一方案是建筑师与艺术家之间友好而又频繁交流的结果。通过普通的材料、简洁的细部、有节制的设计与平和的手法，塞特创造了一个中性的、用于展示艺术作品的建筑空间。设计以一个内院为核心，如同一间没有屋顶的户外

房间，与周围的庭院一起为参观者提供了室内与室外、艺术与自然融合变幻的体验。展厅围绕着内院布置，参观的路线将各展厅串联起来，在底层的跃层空间内还有一个上升的坡道通向二层的展厅。

建筑还使用了一些附加的重复性元素，其中之一就是几何特征明确的、白色的半圆柱形体量，它们将日光从各个方向引向建筑的内部。地中海地区的光线、周围的自然环境和建筑那深思熟虑的简洁造就了这一宁静、和谐而又生机盎然的空间，为艺术的体验提供了真正的、令人沉思冥想的环境。

（A. 沃多皮韦茨）

↑ 4 庭院
↓ 5 剖面

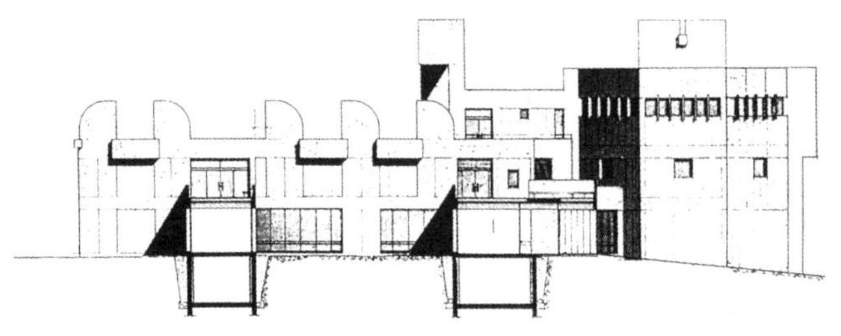

（图和照片由哈佛大学设计研究生院 F. 勒布图书馆提供）

76. 瓦尔登7号住宅

地点：巴塞罗那，西班牙
建筑师：R. 博菲尔
设计/建造年代：1970—1975

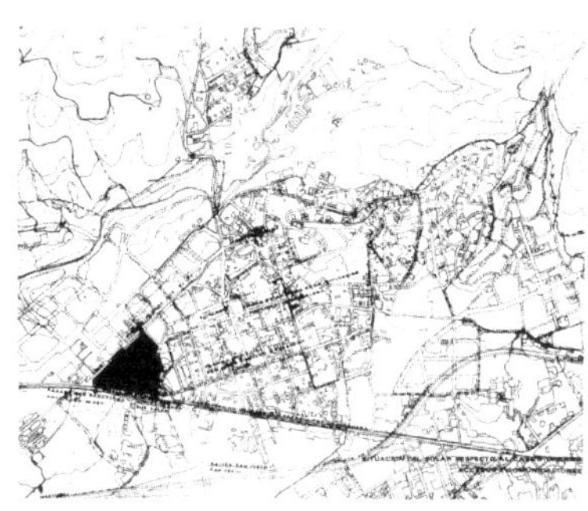

1 总平面
2 正立面外观

瓦尔登7号住宅坐落在巴塞罗那市圣胡斯托·德斯温，是在一家水泥厂的旧址上新建的有447套单元房的居住综合体。老厂的一些构件，包括烟囱，被作为对这一巴塞罗那城郊地区工业传统的回忆而保存了下来。它同时也是一座地处城市入口交通喧闹地段的、纪念性的标志。

设计的目标是为低收入者提供住宅，建筑成本较低，并以传统的施工方法建造。但博菲尔的建筑

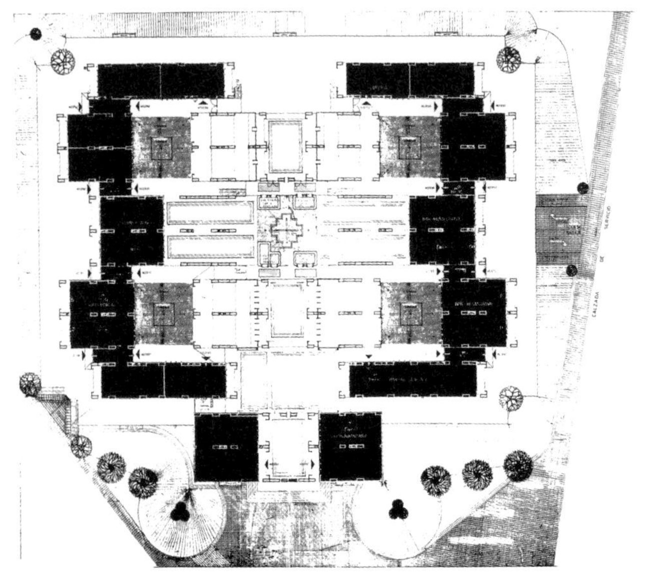

↑ 3 鸟瞰

← 4 底层平面

事务所却有意识地把它转换成一个反传统的生活方式的宣言，这与60年代和70年代的社会思潮是一致的。方案以一套30平方米的单元为基础，通过组合和添加形成了各种不同的居住单元，在这些单元中，房间（厨房、卫生间、卧室和起居室）之间的关系各不相同。为了把走廊变成公共交往的空间，通向各楼层和各单元的交通空间采取了较为复杂的设计。最后，为了表达纪念性，建筑的外观以对称的方式展开，在立面上布置了许多依模数设计的、但却是随机组合的半圆形阳台。正立面中央巨大的开口造成了从顶部向下裂开的印象，仿佛一条倾泻而下的瀑布。这是一个很好的隐喻：当所有的乌托邦都已陈腐幻灭之后，结合点就会从矛盾中诞生出来。

（J. J. 拉韦尔塔）

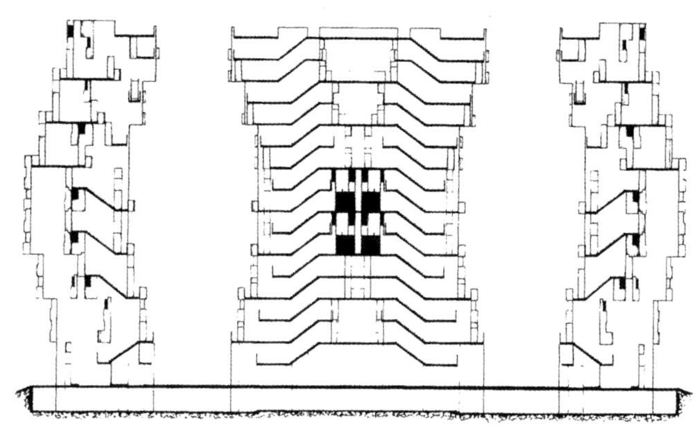

↑ 5 庭院入口处的横剖面

↓ 6 横剖面，从中可见垂直与水平交通组织

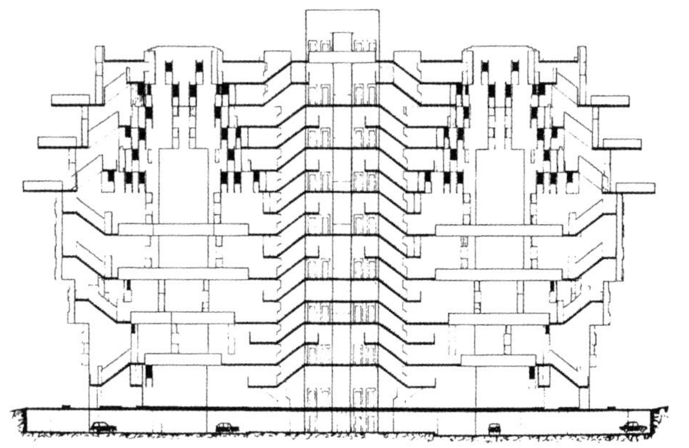

↑ 7 立面外观近景　　（图和照片由建筑师提供，照片由S.韦尔加诺夫摄制）

77. 蓬皮杜国家艺术和文化中心

地点：巴黎，法国
建筑师：R. 皮亚诺与 R. 罗杰斯
工程师：奥雅纳工程事务所
设计/建造年代：1971—1977

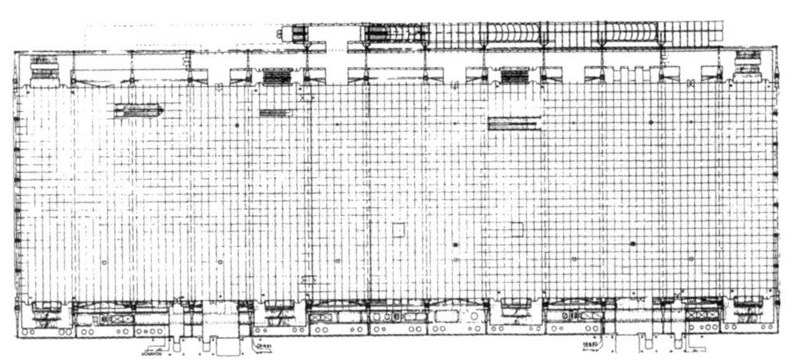

蓬皮杜中心是一座文化中心，室内空间的彻底灵活性是它的设计出发点——建筑在此只是一个灵活的容器，它摆脱了任何建筑形式的限制。它不是一座传统的、静止不变的建筑，而是为活动的人们提供的一个框架，在其中人们可以按自己的愿望改变空间：它简直像一个超级工具箱。主要的五个楼层每层的尺寸达170米×48米，全部是可供任何活动使用的开敞空间。在

↑ 1 平面
↑ 2 全区鸟瞰

↑ 3 外观（G. B. 加丁摄影）
↓ 4 正立面

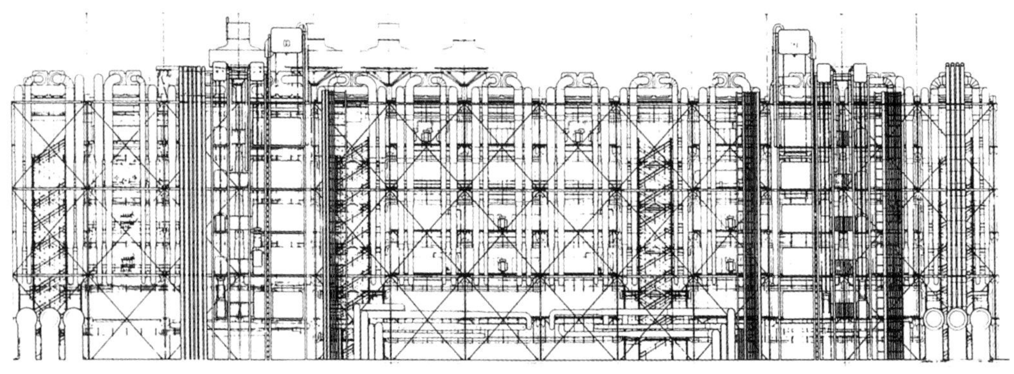

↑ 5 结构（G. 梅格迪钦摄影）
↓ 6 转角景观（G. 梅格迪钦摄影）

竞赛的投标方案中甚至还设计有可竖向移动的楼板，以使每个空间的高度也能改变。结构、交通和设备管道全部位于建筑的外侧，构成了立面上的组成部分。古典式的立面不复存在，取而代之的是表现内部活动的透明外壳，使建筑内部的生活真正地

公共化。它不再是只为文化精英们服务的场所，而是服务所有人的一个场所。

这一设计表现了60年代的技术理想主义。随着工程的进展，设计本身不得不面对现实进行大规模的改动：如增加了防火隔墙、固定的层高、房间的分隔等。*(A. 沃多皮韦茨)*

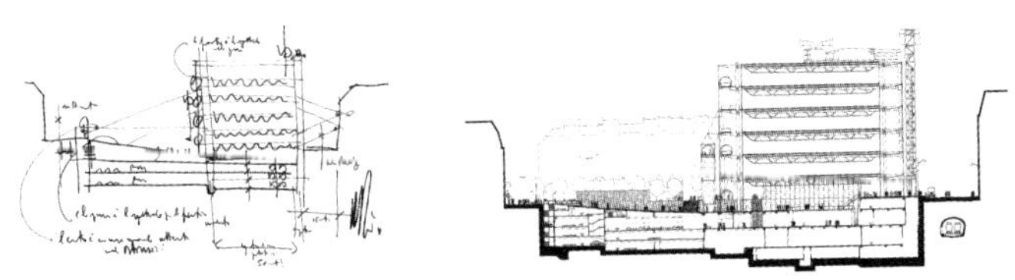

7 自动楼梯近景(M.迪旺斯摄影)
8 内景(G.梅格迪钦摄影)
9 自动楼梯管道(M.迪旺斯摄影)
10 建筑师草图
11 剖面
12 建筑与周围环境

(图和照片由蓬皮杜中心提供)

78. 昆塔·达·马拉古伊拉住宅区

地点：埃武拉，葡萄牙
建筑师：A. 西萨
设计/建造年代：1977

← 1 总平面
↓ 2 架空的"水渠"（柏林/苏黎世的M.豪泽博士摄影）

该住宅区位于历史古城埃武拉的西城外，占地27公顷，可以容纳1200户居住单元和配套的公共与基础设施。整个住宅区分为南北两个区，每幢住宅地块为8米×11米，布置住宅（有两类，一室户及五室户）和前面或后面的小院。L形的住宅用地方上惯用的白色材料建造。水、电、煤气、电话等基础设施全部经过混凝土的架空"水渠"引向各户，这是对文艺复兴时期这座

↑ 3侧面外观（柏林/苏黎世的M.豪泽博士摄影）

城市曾经使用过的引水设施的一种隐喻。（CABP）

参考文献

Testa, Peter, *Alvaro Siza,* Basel：Birkhäuser, 1996.

Becker, Annette, Ana Tostoes and Wilfried Wang, *Architektur im 20. Jahrhundert: Portugal,* München and New York: Prestel；Frankfurt am Main: Deutsches Architektur Museum；Lisbon: Portugal-Frankfurt 97, 1997.

↑ 4 大门景观（柏林/苏黎世的 M. 豪泽博士摄影）

← 5 侧面景观（柏林/苏黎世的 M. 豪泽博士摄影）

↑ 6 背面景观（柏林/苏黎世的 M. 豪泽博士摄影）
↓ 7 平面与基础设施布置

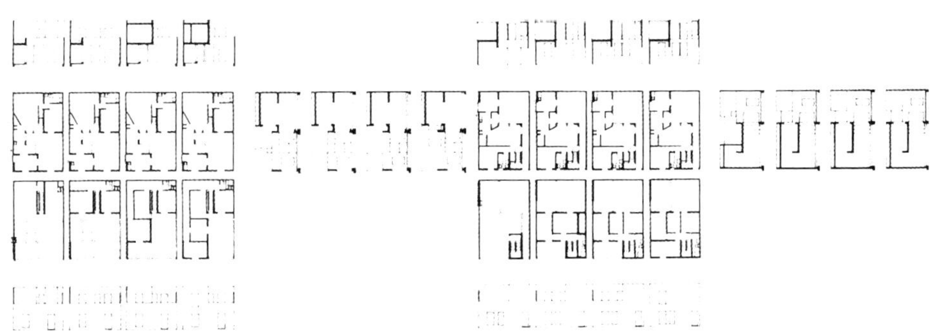

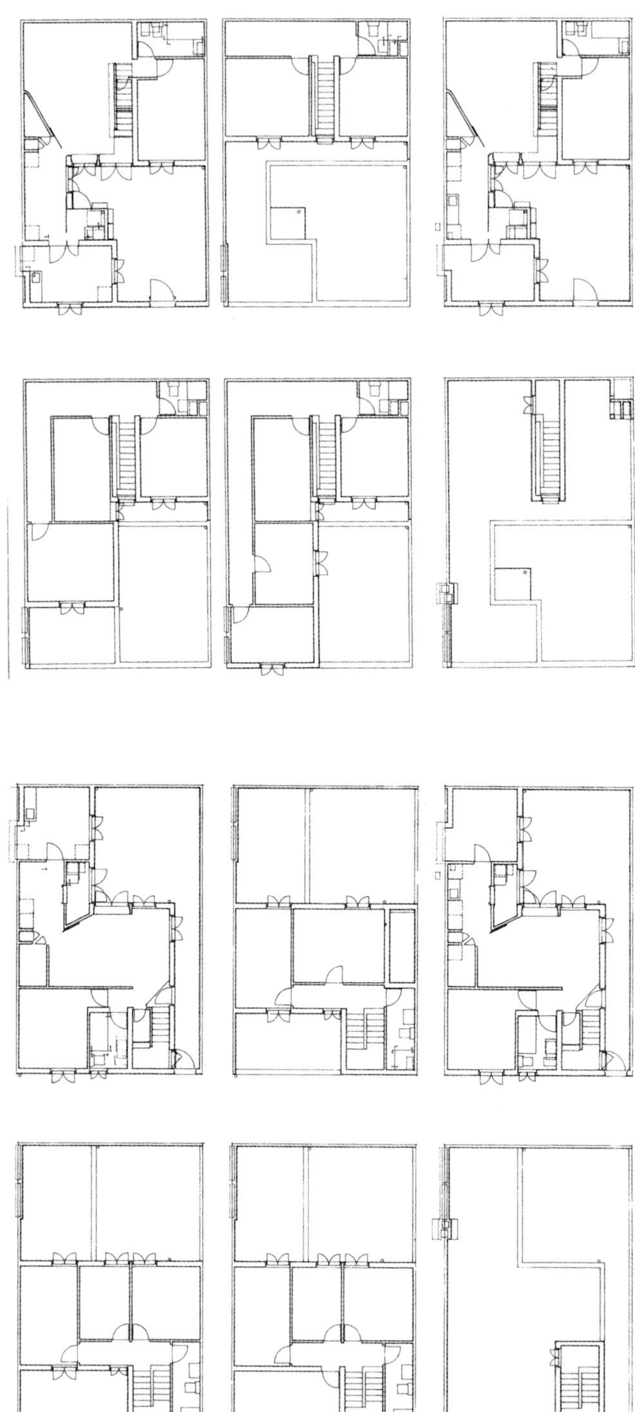

← 8 A户型平面
↓ 9 B户型平面

（图和照片由建筑师提供）

79. 布里昂家族墓园

地点：阿尔蒂沃勒，意大利
建筑师：C. 斯卡尔帕
设计 / 建造年代：1969—1970 / 1970—1978

实业家G. 布里昂和O. 布里昂夫妇的墓地无疑是20世纪建筑史中的一个特例：除此之外，再也没有哪位建筑师为别人设计的私家墓园最后也成了建筑师自己的安葬之地。穿过阿尔蒂沃勒市的圣维托村地方公墓可以到达布里昂家族墓园的入口，厚重结实的大门不仅与周围墓地的气氛相吻合，而且还形成了一条连接公墓与私人墓园——被称为“生命的归宿”——的通道，两侧是当地的公墓。斯卡尔帕设计的墓园与意大利传统的丧葬风俗形成了鲜明的对照：它本身就是一个

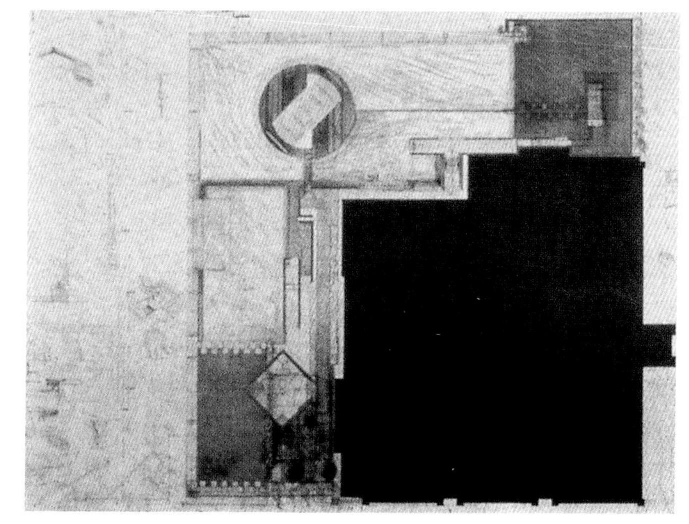

↑ 1 平面

↑ 2 外观

↓ 3 剖面一（草图）

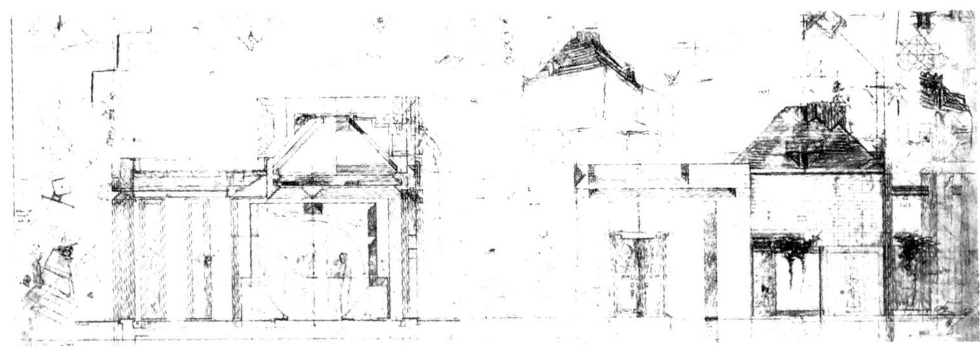

花园，并且拥有传统园林的元素，如水池、小溪和各种亭子。

墓室入口的两个套在一起的圆环象征着两位死者在死后依然长相厮守。墓碑是整个墓地的中心。这对夫妇的石棺上有一个钢筋混凝土的圆拱，将桥的形状转化为洞穴。两个石棺以一个倾斜的角度安放，给人一种彼此依恋的感觉。墓园中心的悼念平台和礼拜堂分别构成了整个设计构思的高潮，一个十字形回廊将它们连接在一起。整个墓园的设计主导思想是生与死的转化，斯卡尔帕借助于墓园内部的各种通道和建筑语言将这一主题表现出来。*（R. 哈尼希）*

↑ 4 全景

← 5 外观

↓ 6 剖面二（草图）

（图和照片由 AFRA、C. 斯卡尔帕建筑师事务所提供）

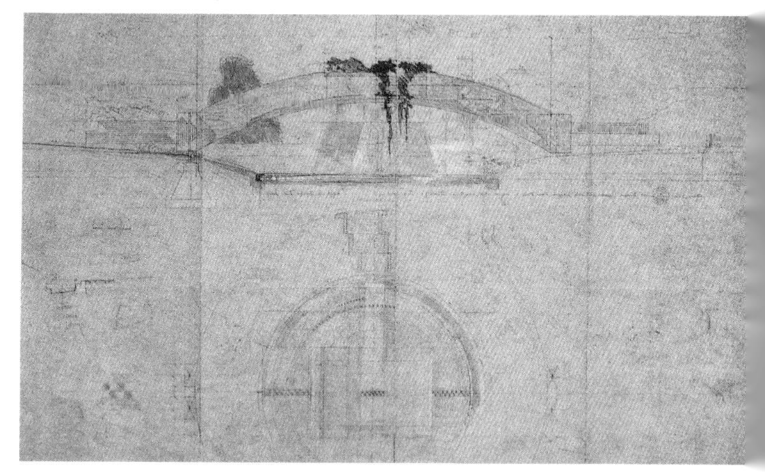

80. 基耶蒂学生公寓

地点：基耶蒂，意大利
建筑师：G. 格拉西与 A. 莫内斯蒂罗利
设计 / 建造年代：1976—1979

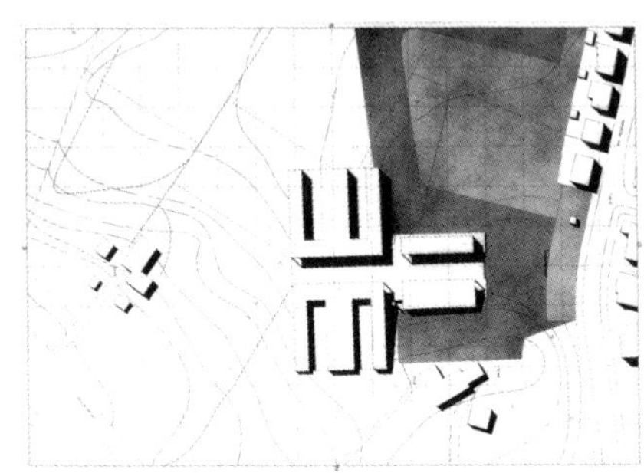

1 总平面
2 外观一
3 柱廊

这一学生公寓建筑群由布置在街道两侧的四幢学生公寓组成，靠街道一侧有连拱柱廊，其中有两幢学生宿舍各由垂直于街道方向的三个条形建筑组成。每一层的公共空间设在垂直交通核心处。连拱柱廊的底层是商店，既为学生服务，也为附近的市民服务。另外两幢学生公寓也位于街道两侧：一幢设有餐馆，另一幢设文娱和公共活动设施、自习教室及服务性的功能空间。

← 4 外观二
→ 5 底层平面

（图和照片由建筑师提供）

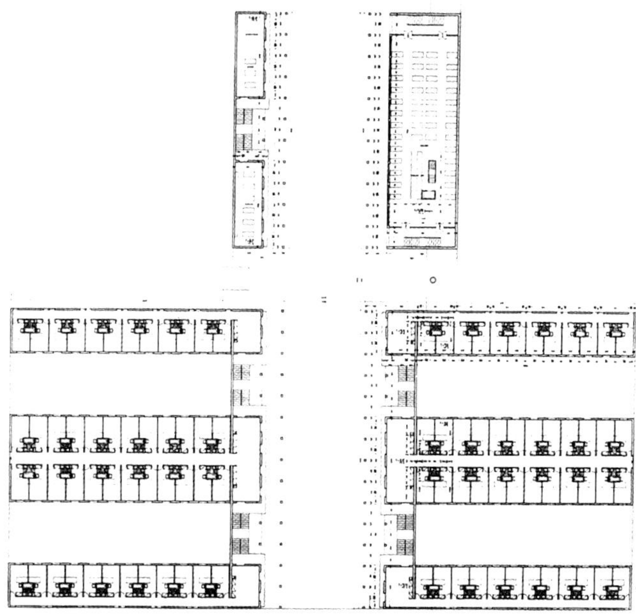

楼梯与通道是带柱廊的街道两侧通常的类型学要素，它们能够加强城市的感觉。统一的立面和连拱柱廊的母题强调了城市街道在生活中的重要性，这是对老基耶蒂马卢齐诺大街的直接借鉴。

同意大利的传统城市一样，学生公寓建筑群的生活空间实际上就是这条街。为学生服务的设施因之也就成为基耶蒂城市结构的组成部分。这是城市的建筑——一个建造了城市空间的建筑。*（A. 沃多皮韦茨）*

第 4 卷

环地中海地区

1980—1999

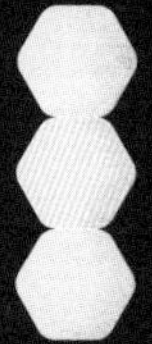

81. 拉努瓦瑟莱住宅区

地点：大努瓦西，法国
建筑师：H. 奇里亚尼
设计/建造年代：1980

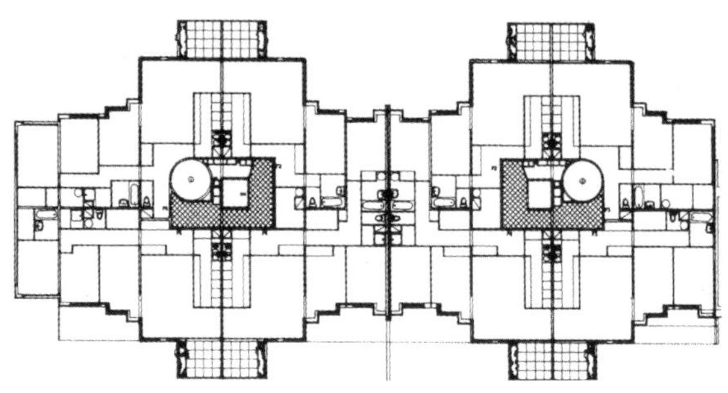

1 标准层平面（A/B座）
2 全景

拉努瓦瑟莱住宅区的原型是勒·柯布西耶的居住联合体，同时也受到古罗马输水道的启示。住宅区的形状引用了拉长的矩形院落，建筑上面有各种构架。这个住宅区反映了城市郊区不断在蔓延的局面。（*CABP*）

参考文献

William Curtis, *Modern Architecture since 1900*, Phaidon, 1996, pp. 593-594.

↑ 3 正立面外观

↑ 4 外观一

↓ 5 轴测图

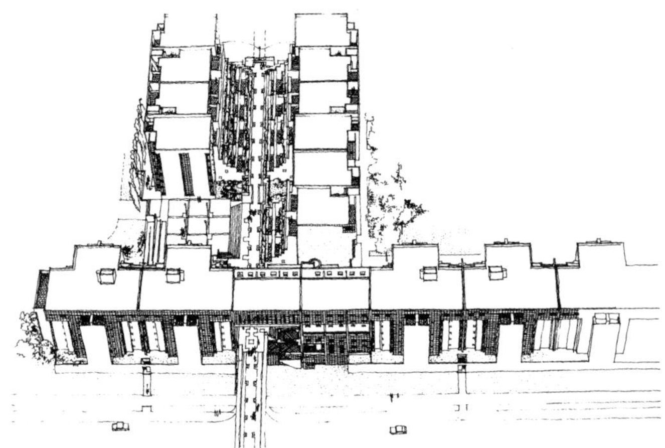

↑ 6 外观二
→ 7 总平面

（图和照片由建筑师提供）

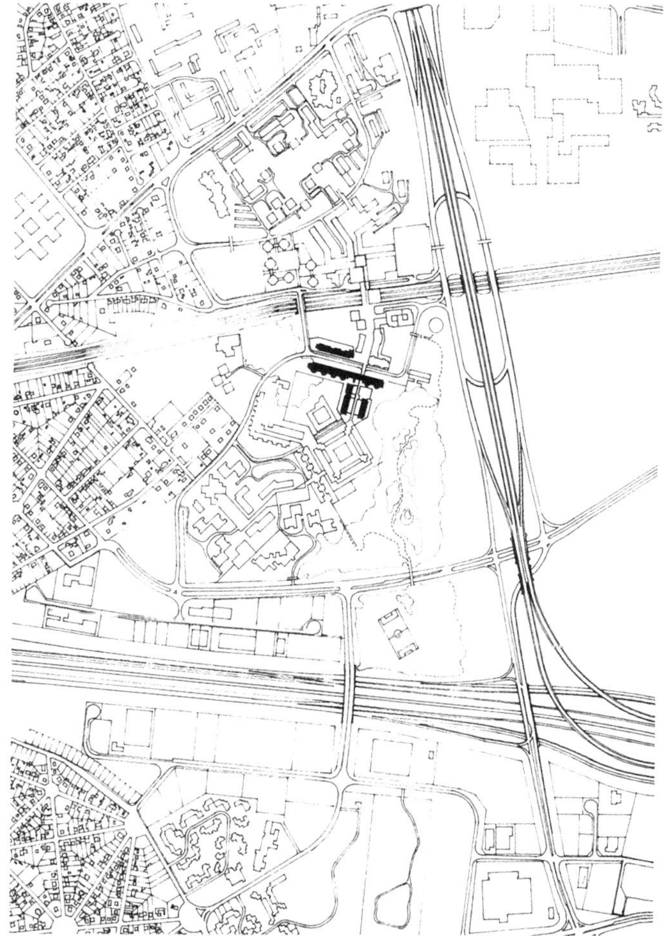

82. 加泰罗尼亚国家广场

地点：巴塞罗那，西班牙
建筑师：A. V. 贝亚 / H. 皮尼翁
设计 / 建造年代：1981—1983

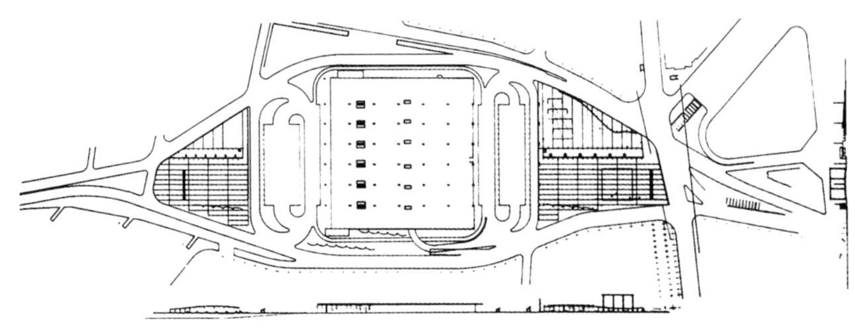

↑ 1 总平面和立面
↑ 2 广场景观

修建加泰罗尼亚国家广场是巴塞罗那市政府的一项总体战略，当时任巴塞罗那市政厅城市顾问的O. 博伊加斯把它称作“巴塞罗那市的重建”。广场的地理位置正如建筑师所言，很不理想：位于地铁车站上方被车水马龙的道路、大型居民楼和写字楼围绕的一块空地。就在这样一块非常狭小的空地上，建筑师们设计了一系列借鉴古典传统的元素，如华盖、藤架、围墙、窗

↑ 3 鸟瞰

户、喷泉、小路等，并将其大大简化为刻在红色花岗石台基的金属板上的符号。建筑师们在广场的这块空间里摆放出这些金属的形象，并非想要表述一种“复杂”的语言，相反，他们通过在这块毫无特性的城市土地上的华盖、天棚、窗户、喷泉等向人们展示出一种失落：它们自身重量的失落。正是重量的虚无形成了一种“纯粹”的品质，一种这块没有特性的土地所不具备的品质。在加泰罗尼亚国家广场上，那些看似主角的片断实际上并不是先于整体存在的，也不是整体得以迸发而出的源泉，而是一种孤立的存在：在整体之“外”的存在。加泰罗尼亚国家广场这块地方，如前所述，也决不是

↑ 4 夜景
↓ 5 细部

（图和照片由建筑师提供，照片由 F. C. 罗卡摄制）

一个抽象的哲学条件，而是一个现实，它的下面是一个真正的空间、一个地铁站。而广场本身则有可能因为任意的决定而随时消失，当然这种随意性在建筑师手中也可表现为一张由红色大理石构成的魔毯，把所有的自然性排除在外。在这里并没有对已失去的场所的任何追忆：加泰罗尼亚国家广场的建筑元素为场所的完全幻灭加上了最后的一笔，成为一处毫无场所感的地方。因此，这些建筑元素，从一个片断到另一个片断，是以抽象的意义拼接在一起的。而最终的结果则无疑是当代西班牙最有影响的建筑之一：它定义了一种新的纪念性，一种“透明”的和“可能”的纪念性。那个位于街道交会处的十字地带上的华盖是这种意义的最好表达，隐含了整个广场创作的深远意图。*（J. J. 拉韦尔塔）*

83. 圣卡塔尔多墓园

地点：摩德纳，意大利
建筑师：A. 罗西
设计/建造年代：1976—1985

A. 罗西在他的一生中既设计建造了建筑，也设计建造了城市，一般的理解是A. 罗西的重要性首先表现在建筑学上。因此，对一般的建筑师来说只是一项随意的练习的墓园设计，却成为罗西的代表作：墓园成为一座由“死者的家园”组成的“记忆的城市”。墓园中建筑物的形式是以人们永远熟悉的“家”为原型，它的内部并不安放遗体或骨灰。墓穴全部成排地以双重的和平方式组织在建筑外侧。

走进墓园，首先映入眼帘的是一个巨大的红

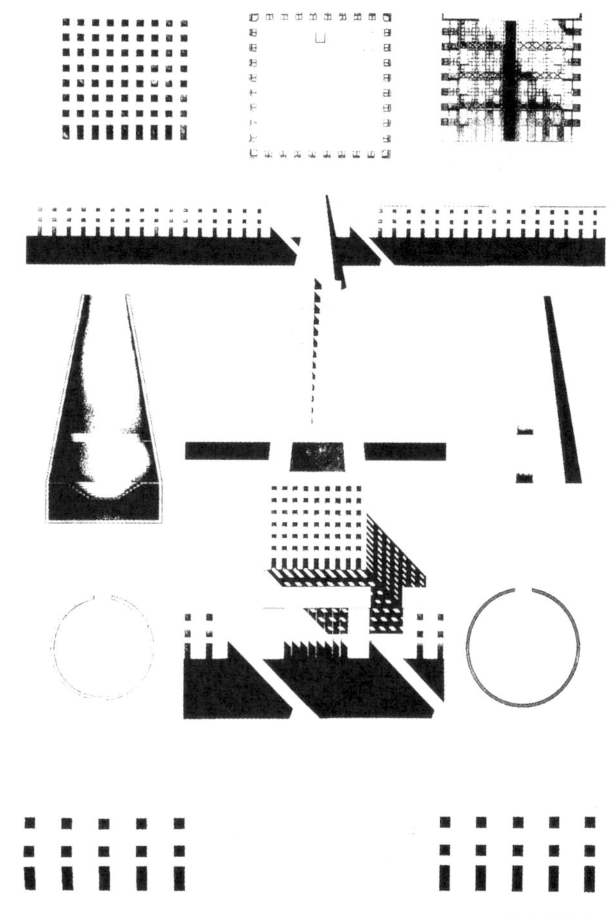

↑ 1 总平面示意

↑ 2 正面外观
↓ 3 平面
→ 4 墓室

FAMIGLIA
LUGLI MARI
FAMIGLIA
PIETRO RONCAGLIA

色正六面体，它作为尸骨存放所和阵亡将士纪念碑象征着“未完成的废弃的家”——用建筑语言隐喻死亡。在它后面是按等级排列的墓室，体量越来越短，也越来越高，直到顶端以一个砖砌的锥形高塔结束，这是一个阵亡军人的集体坟冢。根据罗西的规划，这里是“城市中最高的纪念碑”。A. 罗西把他的构思与儿童游戏中的棋盘和人的骨架相比较，在任何情况下，墓园本身都表现出一种不言而喻的象征意义，这是一个将生命凝固的场所，同时也是生命中的特殊场所。*（U. M. 舒曼）*

↑ 5 透视
← 6 立面

（图和照片由建筑师提供）

84. 梅里达罗马艺术博物馆

地点：梅里达，西班牙
建筑师：R. 莫内奥
设计 / 建造年代：1985

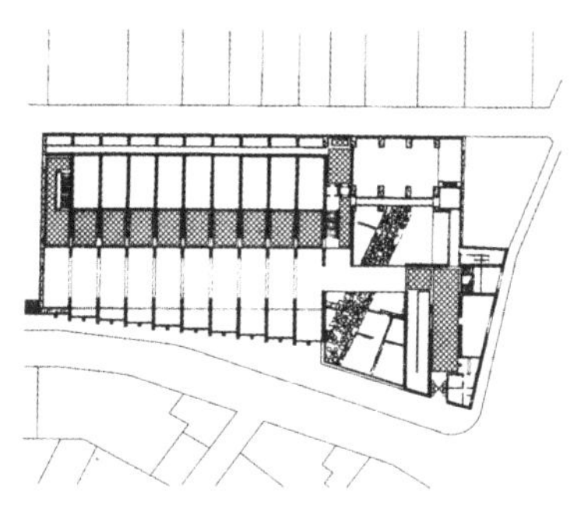

← 1 底层平面
↓ 2 从屋顶看入口（柏林 / 苏黎世的M. 豪泽博士摄影）

梅里达城建于公元前24年，是罗马帝国晚期在西班牙最重要的城市。至今，从罗马艺术博物馆附近的剧场和竞技场，人们仍能依稀地感知当年的氛围。

对于莫内奥来说，在城市中建造建筑，就是在为城市的演化寻找道路的同时维系与过去的联系。在构思这座古罗马城市中的罗马艺术博物馆时，莫内奥从古罗马的建筑中寻求灵感。因而，罗马式的

砖墙成为这座博物馆最重要的属性，而这种建造的方式也决定了建筑表现的形式。厚重的砖石墙体以混凝土填充，上面开有巨大的拱洞，强调了建筑的实体感。

莫内奥的草图首先显示了一个罗马式的、垂直于街道的地块布局，进而发展出来的展览空间布局由一个主要的空间和若干小房间组成，博物馆共三层。自然光线由三层高砖墙的顶部导入，强调了墙面的节奏。天光的使用使整个空间都充满了漫射的光线。

现代建筑与丰富的历史价值的结合造就了艺术展品与其围护结构之间的完美共生。（S. 科斯滕）

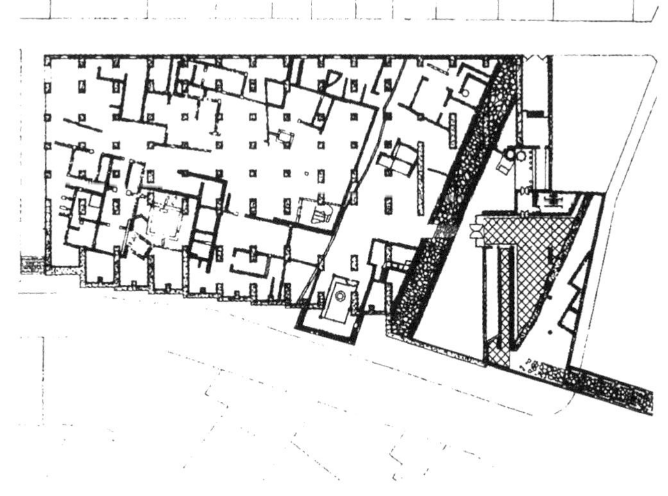

← 3 内景一
↑ 4 场地鸟瞰（正在施工中）
→ 5 二层平面

个 6 内景二

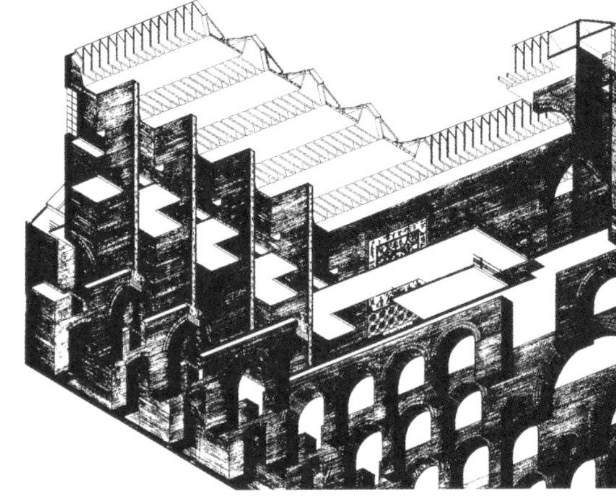

↑ 7 内景三
↓ 8 建筑师草图
→ 9、10 轴测图

（图和照片由建筑师提供）

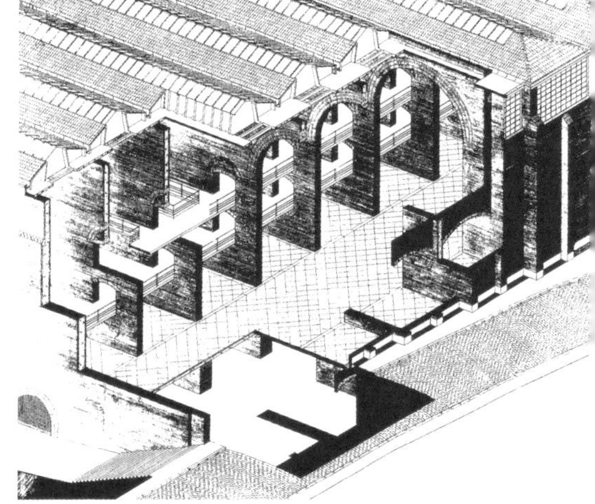

85. 阿拉伯世界研究所

地点：巴黎，法国
建筑师：J. 努韦尔与 P. G. 勒塞内斯，P. 索里亚建筑师事务所
设计 / 建造年代：1981 / 1982—1988

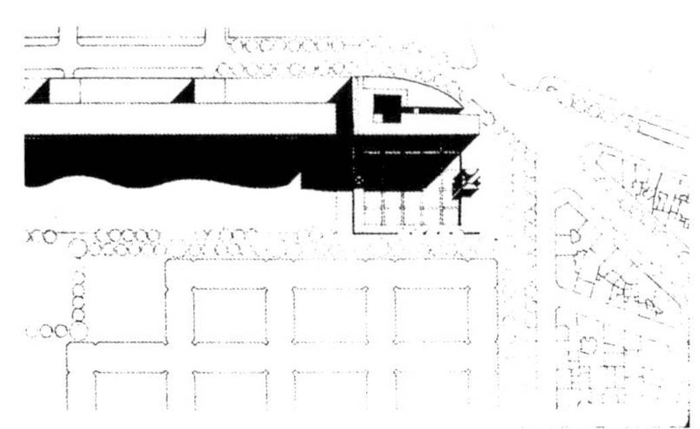

← 1 总平面
↓ 2 内景

那些认为玻璃幕墙立面在20世纪80年代已经穷途末路的人一定能从位于法国巴黎第五区圣伯纳德河岸街11号的J. 努韦尔的阿拉伯世界研究所上学到点什么。在巴黎的这座阿拉伯世界的文化中心，努韦尔成功地使经典的现代主题焕发出令人意想不到的品质，也树立了他作为“新思维者”的名声。一看到阿拉伯世界研究所那布满阿拉伯装饰的南立面，人们就能立刻感

↑ 3 塞纳河一侧的全景
← 4 正立面外观（G. 费西摄影）

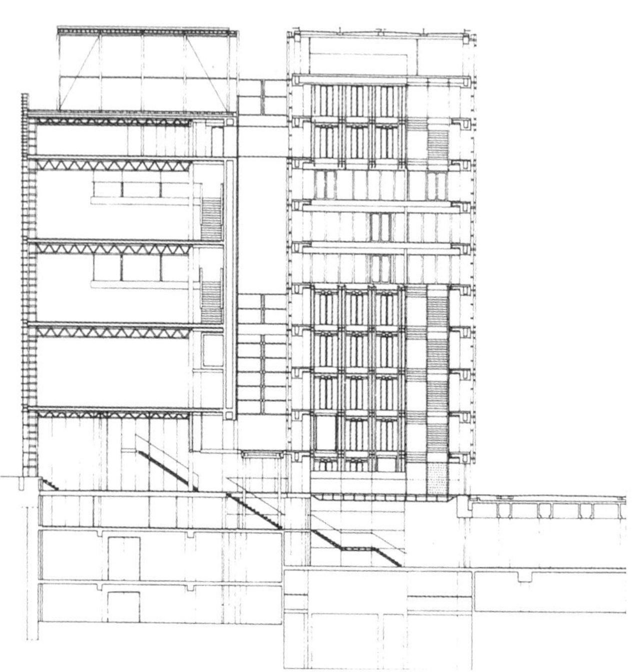

↑ 5 从室内看带有阿拉伯装饰的南立面
← 6 通过电梯厅的横剖面
→ 7 河边景观
→ 8 玻璃幕墙局部

触到它所表达的一种技术的，同时又是诗意的、装饰的品质，同时又不流于俗套。可调光的金属帘幕能够调节大厅、图书馆和办公室的光线。随着光线强度的变化，不断变幻出各种不同的光照效果，同时也改变了立面。建筑物内部的设计也同样富有创造力，内部的通透性给人

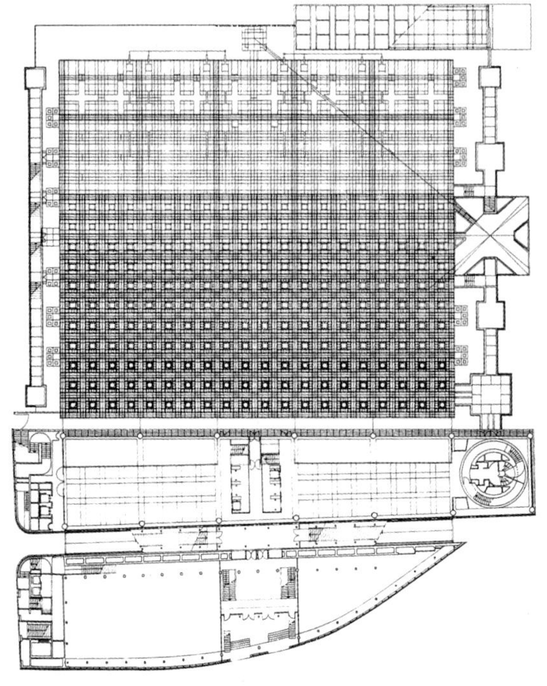

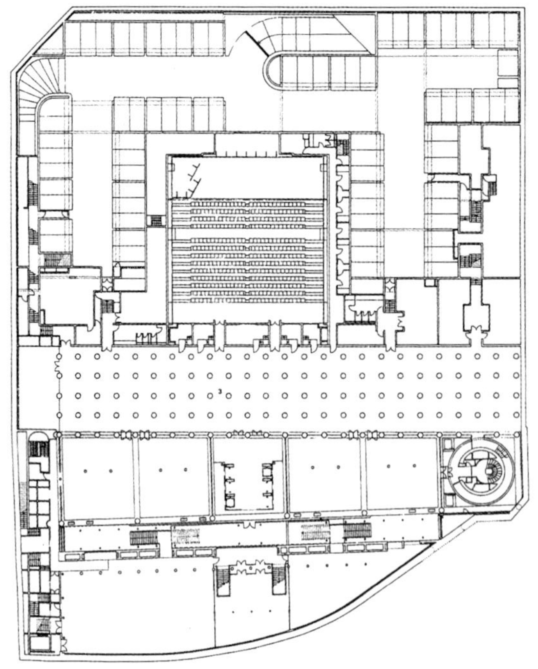

⇦ 9 底层平面
⇩ 10 地下室平面

（照片由D. 冯·沙温摄制，图和照片由建筑师提供）

留下强烈的印象，它的作用已不仅仅局限于将建筑物的内部和外部融合为一体。

在阿拉伯世界研究所的设计中，努韦尔对城市结构也给予了充分的尊重，研究所大楼构成了老城区与现代气息浓郁的大学城之间的和谐过渡。同时，努韦尔将周围环境的特殊因素，特别是远处的巴黎圣母院，成功地引入建筑物的中心视野中。（R. 哈尼希）

86. 拉维莱特公园

地点：巴黎，法国
建筑师：B. 屈米
设计 / 建造年代：1982 / 1988—1998

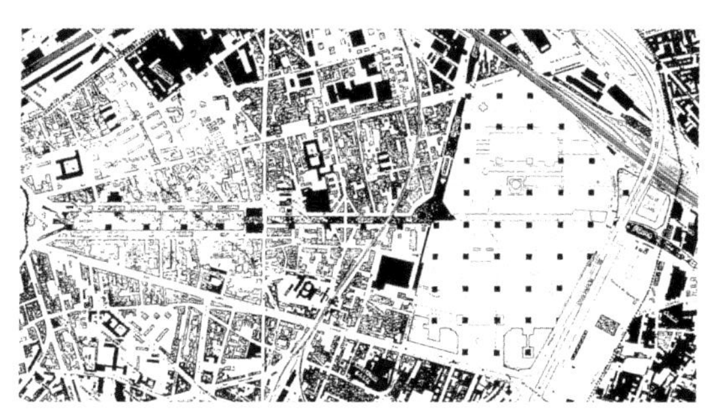

这个项目设计于1982—1983年，获国际竞赛一等奖，其设计的基本理念是：建筑类型学现在已经走到了尽头，建筑的设计与功能、形式与内容之间不再存在任何因果联系。这就是为什么这个方案设计了一种不依赖功能性的、纯概念性的构筑物的原因，也是它提出了一种不受古典构图、等级及秩序原则约束的抽象网格的原因。

在这样的语境中，屈

↑ 1 总平面
→ 2 红色构筑物（游乐场）之一（P. 穆斯摄影）

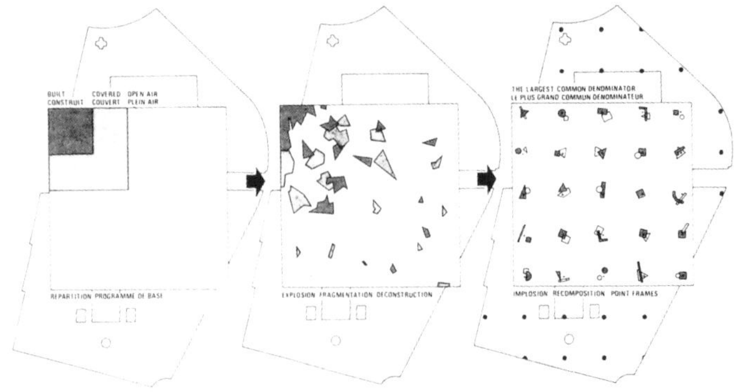

↑ 3 红色构筑物（游乐场）之二（P. 穆斯摄影）

→ 4 一个简单的体系图示：将功能性的要求打散重组到规则的网格之中，不同的活动最初是彼此独立的，但随后被散布到整个场地中，在很多场合下，是将根本不相干的活动组合在一起（如在热带温室中，跑道从钢琴吧中穿过）

米在整个公园内建立了想象中的一个几何网格，并以呈点式分布的红色构筑物（称为游乐场）加以标识。构筑物的形式来自对立方体的变形。架空的通廊连接着各个构筑物，中间是园地。

今天，拉维莱特公园不仅是一种对新公园模式的图示，也是一个时期的文献，在这个时期，人们求助于当代哲学，以找出一条摆脱传统陈词滥调束缚的道路。它同时也是建筑的媒体效果重于实际建造的时代的一个见证。*（A. 沃多皮韦茨）*

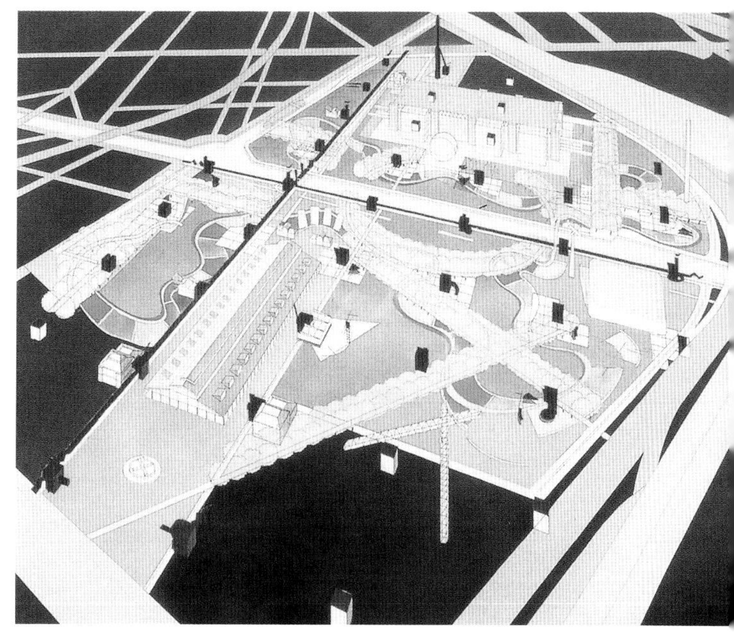

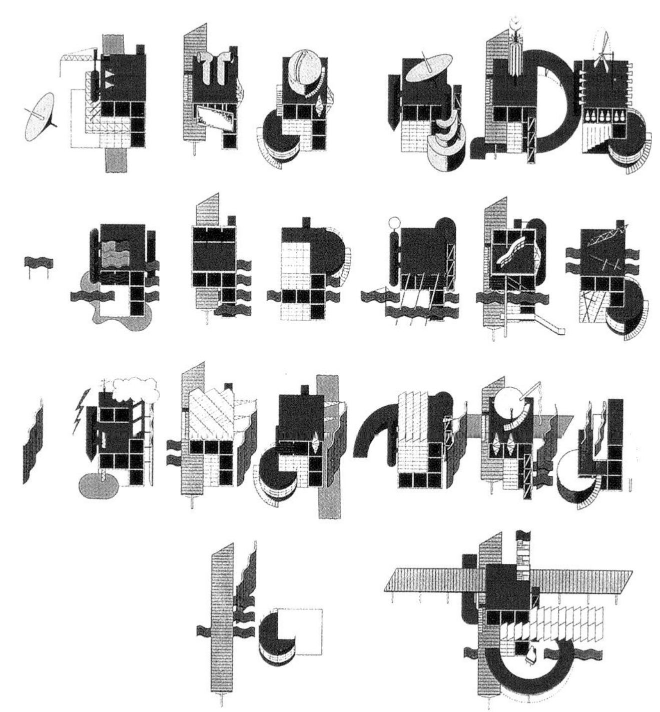

↑ 5 公园鸟瞰

→ 6 根据 case vide 原则对红色构筑物（游乐场）的组合

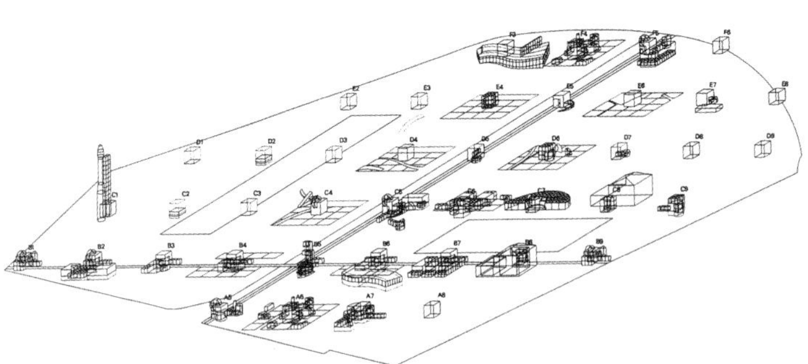

↑ 7 红色构筑物（游乐场）之三（J. M. 蒙蒂耶摄影）

← 8 建筑体量在场地中的分布。红色构筑物（游乐场）既是网格的交点，又是未来建设的出发点

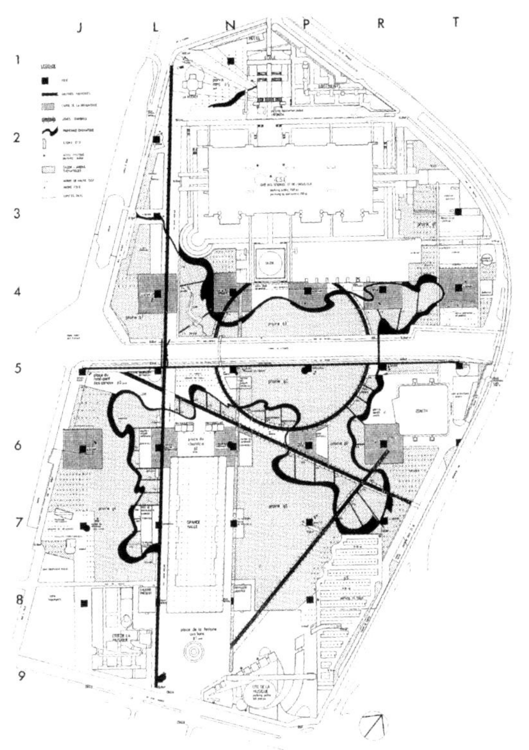

← 9 公园的总平面
↑ 10 红色构筑物（游乐场）之四（P. 穆斯摄影）
↓ 11 轴测图

（图和照片由建筑师提供）

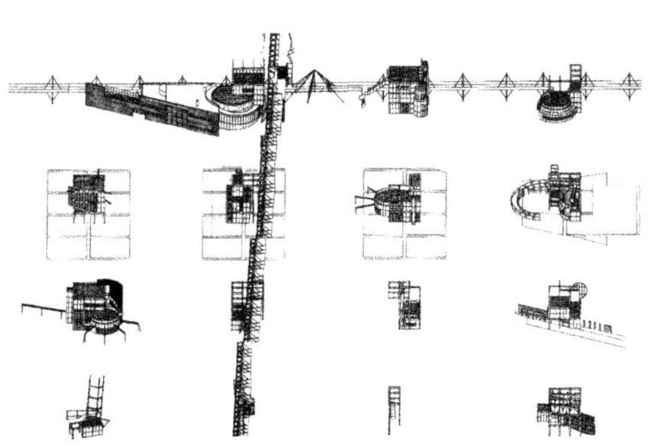

87. 圣尼古拉体育场

地点：巴里，意大利
建筑师：R. 皮亚诺
设计/建造年代：1987—1989/1987—1990

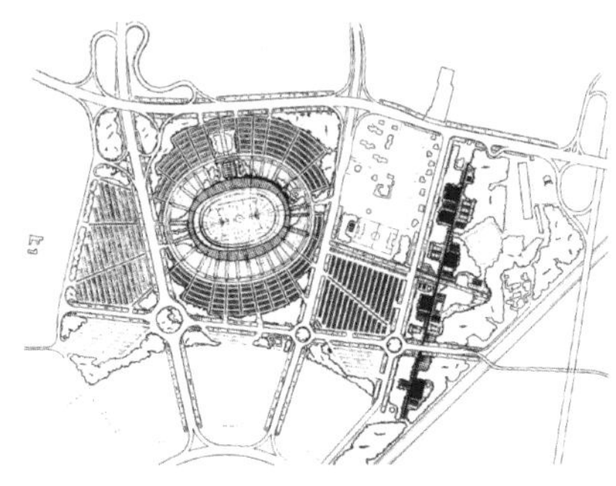

← 1 总平面
↓ 2 从球场看体育场（H. 德南斯摄影）
→ 3 看台外观（石田俊治摄影）

这座可以容纳59 000人的体育场，是为1990年的世界杯足球赛而建造的主体育场，它探讨了如何在城市边缘地带建造大尺度建筑的问题。通过与结构工程师P. 赖斯的合作，皮亚诺创造了一个轻盈开敞的结构。赖斯参与了体育场的结构方案、几何尺寸和视觉形象方面的概念性设计。尽管体育场的体量十分庞大，仍然是绽放在阿普利亚原野上的一朵鲜花。

← 4 体育场内景(G. B. 加丁摄影)

↓ 5 体育场平面

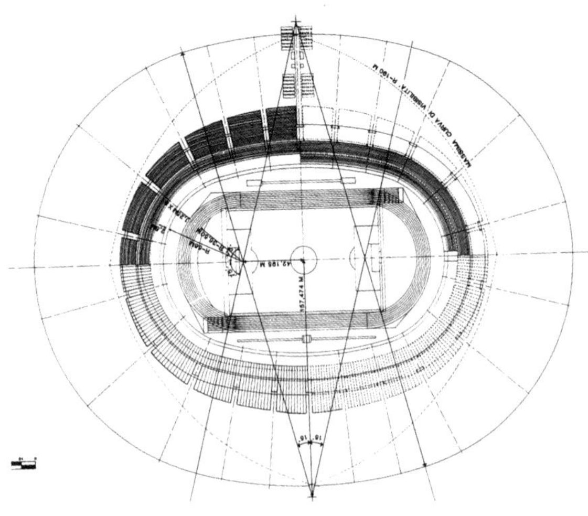

↑ 6“接缝处”外观（H.德南斯摄影）

↓ 7 体育场建筑群纵向立面

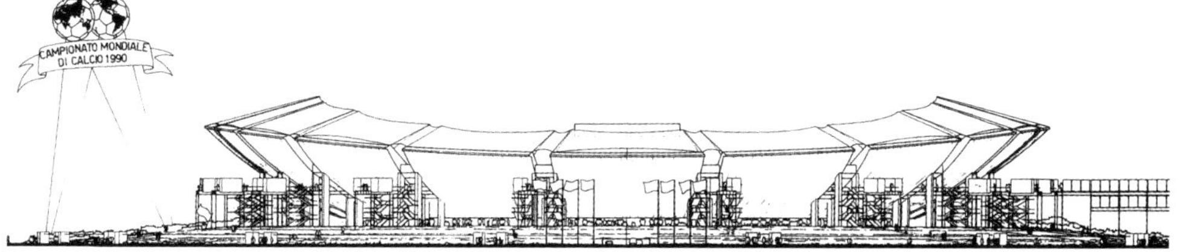

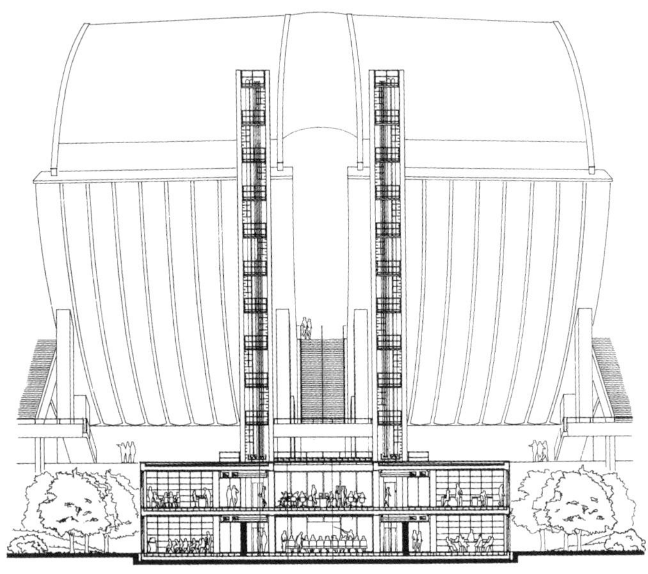

↑ 8 大看台（H. 德南斯摄影）
↑ 9 剖面

（图和照片由建筑师提供）

为了使体量轻盈开敞，体育场的看台划分成上下两个部分。较低的部分是跑道外圈的露天看台，从缓坡地形向下挖了一层；外圈环形的交通廊内设通向上半部的通道，将体育场结合成一个整体，同时也在建筑上形成一条水平向的分隔带。在远处，只有建筑上半部的混凝土外壳是可见的，呈放射状等分成26个独立的部分，每一部分都由四根巨柱支撑，顶部还与支撑着透明屋顶的钢架相接。楼梯位于各部分之间的空洞内，放射状的通道一直延伸到停车场。*（A. 沃多皮韦茨）*

88. 波尔图艺术宫文化中心

地点：波尔图，葡萄牙
建筑师：E. S. 德・莫拉
设计 / 建造年代：1981—1985 / 1988—1991

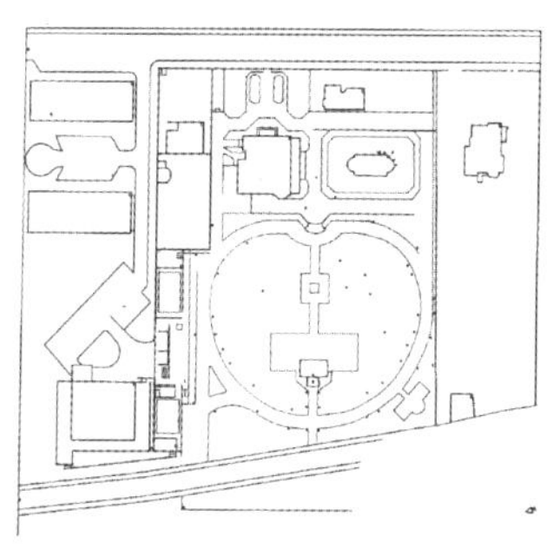

← 1 总平面
↓ 2 礼堂

E. S. 德・莫拉的作品是建筑与自然之间和谐统一的代名词。他的建筑的一大特点是：它们与环境结合得非常密切，就像是一直存在那里一样。

正是通过这种方式，文化中心融入到了周围古典别墅的园林中间。在高大的古树背后，唯一能看到的景物是一片长长的石墙。这标志着园区内外空间的分界。门窗洞口是通过墙体的分解和开口形成的。这座强调水平向的建

↑ 3 室内：窗户

↑ 4 建筑师草图
↓ 5 轴测分析图
→ 6 室内：隔墙

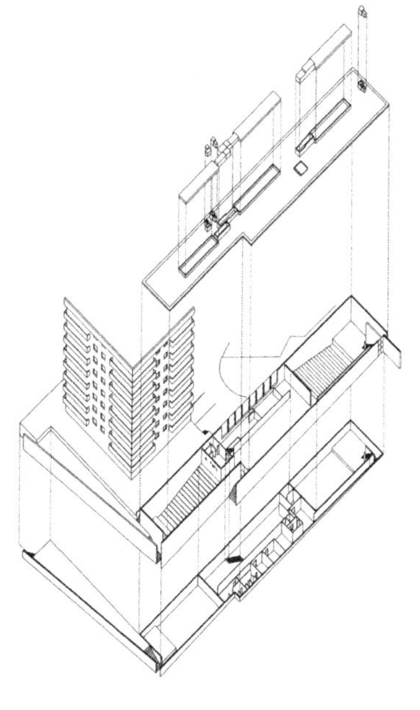

筑共包括三种活动空间：礼堂、展厅和音像图书馆。展厅位于建筑中部的入口附近，礼堂和音像图书馆位于建筑的两侧，部分空间布置在地下，以保证建筑的高度不超过原来的园区围墙。

这是一座在形式上有节制，却蕴藏着丰富精神内涵的建筑。它展现了时间和精神的延续，展现了个人对空间的理解，使旧结构中埋藏着的价值能够获得新的维度和新的意义，从而得到新的发展。

（A. 沃多皮韦茨）

↑ 7 室内：楼梯　　（图和照片由建筑师提供）

89. 塞维利亚圣胡斯塔火车站

地点：塞维利亚，西班牙
建筑师：A. 克鲁斯，A. 奥尔蒂斯
设计/建造年代：1987—1991

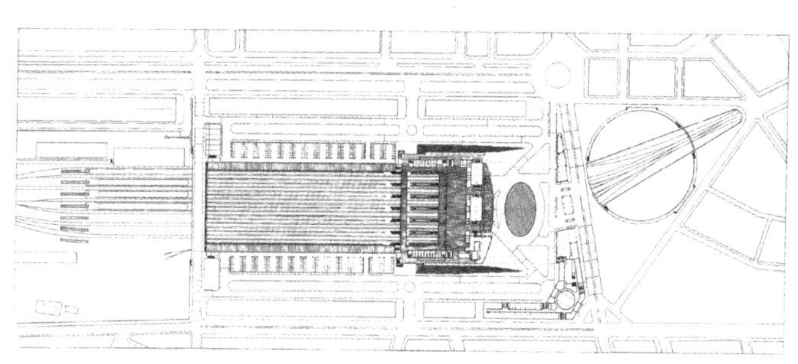

圣胡斯塔火车站是为了接纳从马德里驶来的高速列车而建的，是西班牙政府为迎接1992年的世界博览会而在塞维利亚兴建的大规模基础设施的一部分。建筑的底层架在纵向通廊的上方，展现了其形式与铁路和列车的运动之间的联系。站台被延伸着的抛物线形屋顶所覆盖，通过坡道和楼梯与前厅及其他过渡空间相连。建筑的内部空间逐渐退界，对光线的精心设计使车站的

↑ 1 总平面
→ 2 站台

↑ 3 全景
↓ 4 纵剖面与立面

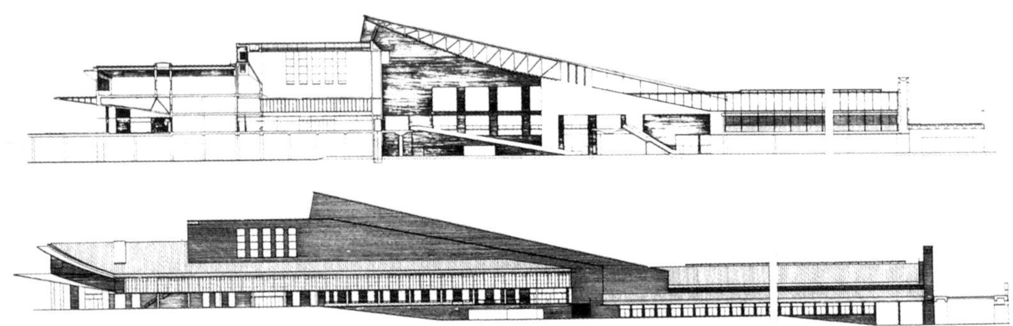

室内看起来如同19世纪的各大火车站一样。然而，车站最富意义的无疑还是它的外观，对于当时还是相当荒凉的城市边缘，车站还要发挥一种改善城市环境的综合性作用。车站的外立面上有一系列交错的水平向雨篷，建筑师希望借此来满足城市空间的需要，同时也创造一种对运动的隐喻。入口处的屋顶和雨篷都呈曲线形，形成两道巨大的拱，其边缘几乎要碰到一起，而底部则似乎钉在地上。建筑师最终创造出一个水平向的、如太空飞船那样，有张力的一种形象。它将正立面分割成互有联系的几个部分，使车站从原先一无所有的场地上骤然耸起，是从真空中凭突然的运动或意志造就出来的。

（J. J. 拉韦尔塔）

↑ 5 旅客大厅内景

↓ 6 车站所在的城市环境

（照片由D. 马拉甘巴摄制，图和照片由建筑师提供）

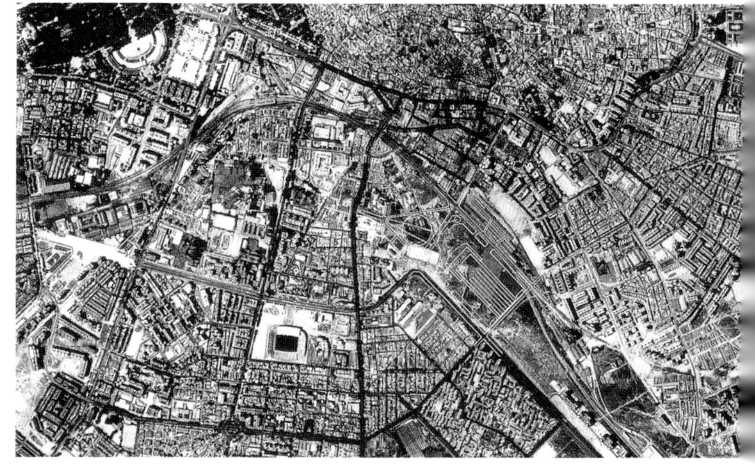

90. 巴达洛纳体育馆

地点：巴达洛纳，西班牙
建筑师：E. 博内尔，F. 里乌斯
设计／建造年代：1991

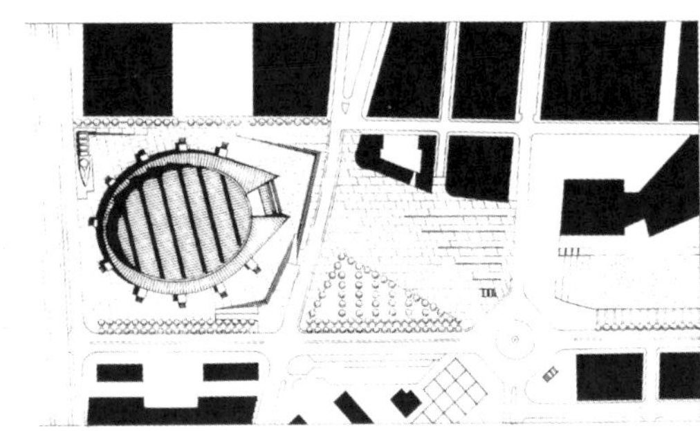

1 总平面
2 外观一
3 全景

简洁和经济性是E. 博内尔设计这座体育馆的原则。平面呈椭圆形，“单向的、非放射性的”屋顶由“六根大跨度的金属梁和一根中脊传递荷载，分散了压力，同时也使自然光能够进入室内”。

(CABP)

参考文献

Ignasi de Solà-Morales et al., *Birkhäuser Architectural Guide: Spain, 1920-1999*, Basel: Birkhäuser, 1998.

← 4 室内走廊
↑ 5 运动场
→ 6 外观二
↓ 7 纵剖面
↓ 8 横剖面

（图和照片由建筑师提供）

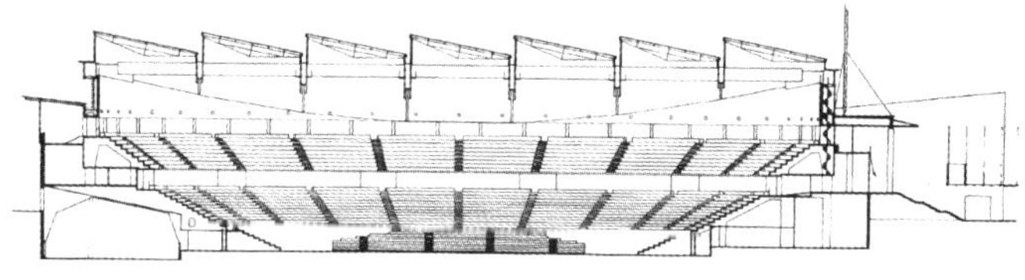

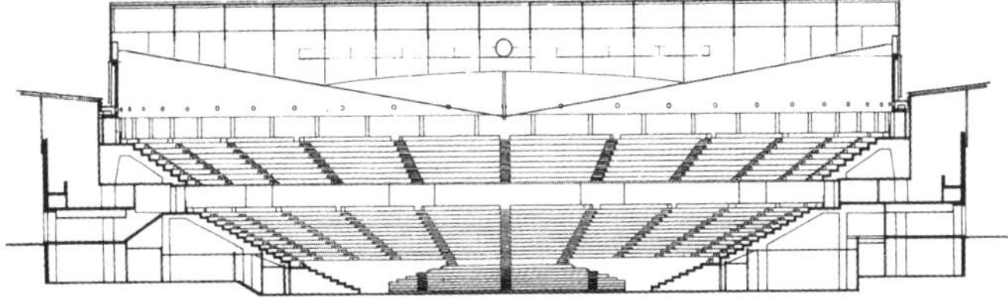

91. 萨拉曼卡议会宫

地点：萨拉曼卡，西班牙
建筑师：J. N. 巴尔德维齐
设计／建造年代：1992

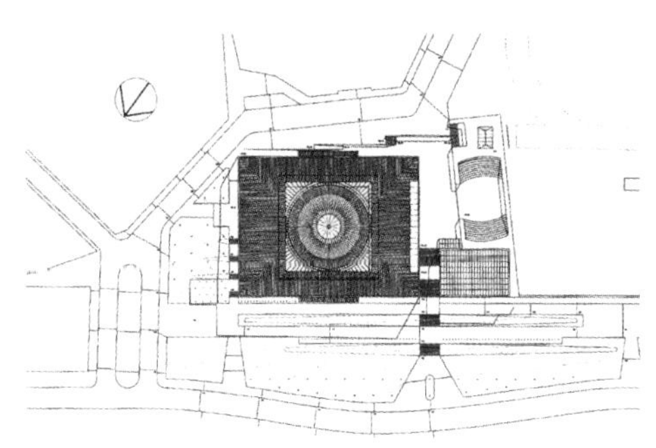

↑ 1 总平面
← 2 议会厅内景一（D. 马拉甘巴摄影）

J. N. 巴尔德维齐（1931年生）是一位建筑师兼画家，属于“马德里学派”。位于历史名城萨拉曼卡的议会宫是他最重要的作品。它由一个上覆巨大穹顶的会议中心和一个神殿式的展览厅组成。建筑群位于一座教堂下面的陡坡上。建筑师巧妙地把笨重的设备安装在了地下，“使地上的巨大的石头棱柱形体量可以在地下不受约束地容纳议会厅和玻璃展厅”。他被认为是“80

↑ 3 议会与展览厅外观（马德里的 J. 阿苏门迪摄影）

年代西班牙的折中理性主义风格的代表人物之一”。

（CABP）

参考文献

Ignasi de Solà-Morales et al., *Birkhäuser Architectural Guide: Spain, 1920–1999*, Basel: Birkhäuser, 1998.

← 4 外观（D. 马拉甘巴摄影）
→ 5 露天剧场（马德里的 J. 阿苏门迪摄影）
↓ 6 总平面
↓ 7 剖面

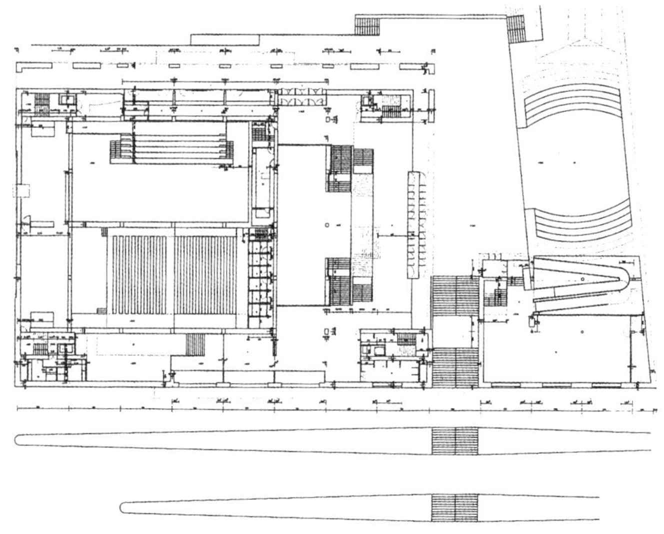

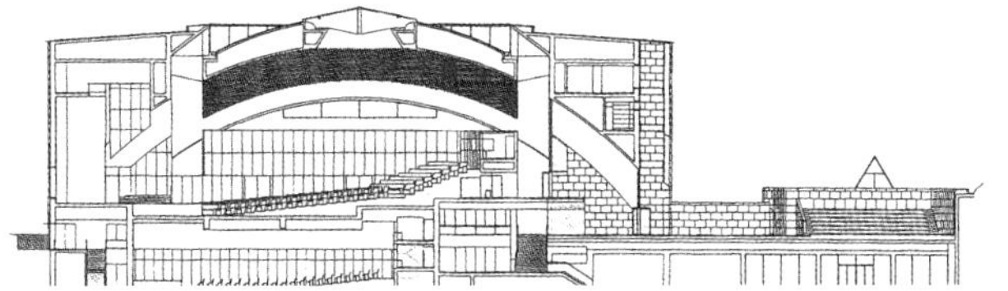

← 8 议会厅内景二（马德里的 J. 阿苏门迪摄影）

↓ 9 立面

（图和照片由建筑师提供）

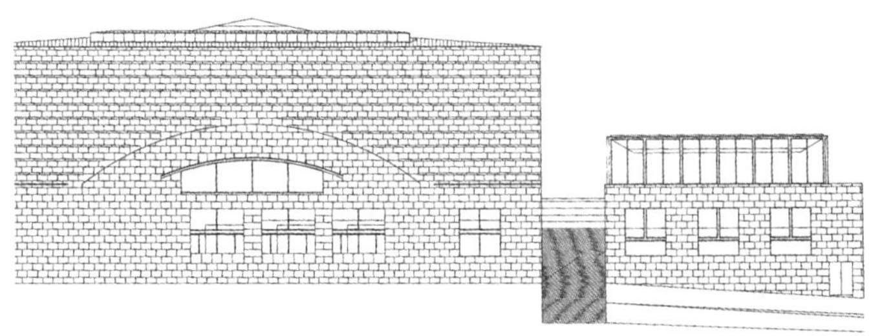

92. 波尔图大学建筑学院

地点：波尔图，葡萄牙
建筑师：A. 西萨
设计/建造年代：1993

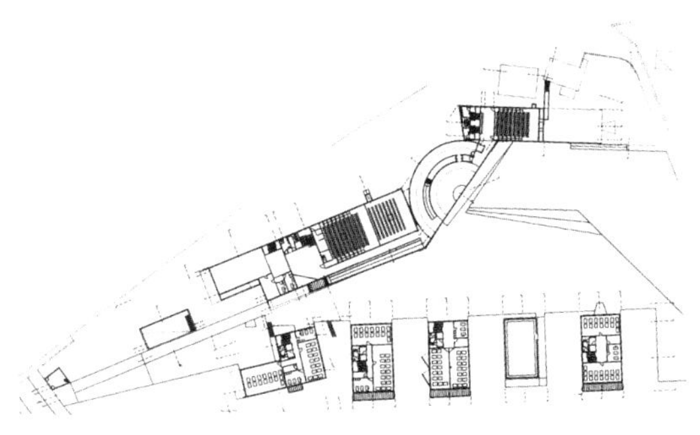

波尔图大学建筑学院大楼位于一块三角形的地段上，与原先的新生楼相邻，从大楼这里可以俯瞰杜罗河。整个建筑可容纳500名学生，由在入口处交会的南北二翼组成。北翼为学院办公室、礼堂、展厅和图书馆，由一条展廊连接数个形式和节奏不断变化的体量而成。南翼由四幢建筑组成，布置了设计室和教授办公室。弗兰姆普敦称这个作品为“20世纪第三所最重

↑ 1 二层平面
↑ 2 全景

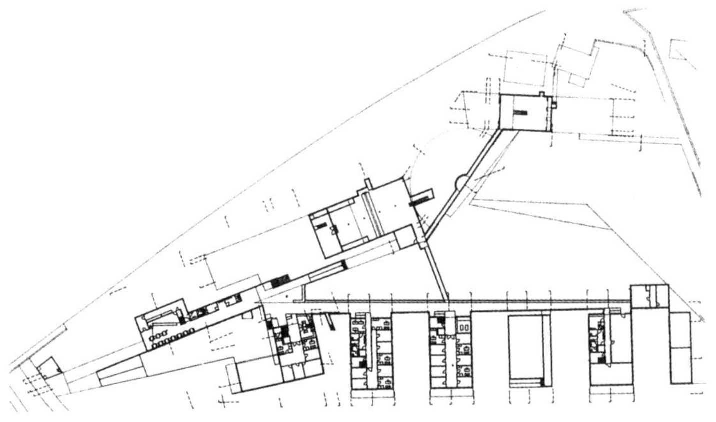

↑ 3 F、G、H 楼外观

← 4 底层平面

要的教育设施，其他两所在德绍（包豪斯）和乌尔姆”。

参考文献

Frampton, Kenneth, *Modern Architecture, A Critical History*, 3rd ed., London: Thames and Hudson, 1992, pp. 330-331.
Testa, Peter, *Alvaro Siza*, Basel: Birkhäuser, 1996.
Becker, Annette, Ana Tostoes and Wilfried Wang, *Architektur im 20. Jahrhundert: Portugal,* München and New York: Prestel; Frankfurt am Main: Deutsches Architektur Museum; Lisbon: Portugal-Frankfurt 97, 1997.

↑ 5 外观
→ 6 其中一座建筑的外观
↓ 7 透视图

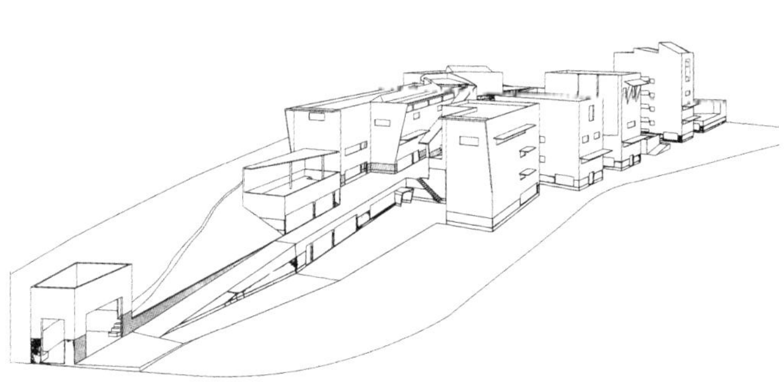

（图和照片由建筑师提供，照片由D.马拉甘巴摄制）

93. 拜占庭文化博物馆

地点：塞萨洛尼基，希腊
建筑师：K. 克罗诺斯与 G. 马克里斯
设计/建造年代：1977/1994

拜占庭文化博物馆是希腊近年来最重要的公共建筑项目之一，是为了在杂乱无章的日常生活中形成某种秩序的尝试。拜占庭文化博物馆建筑从希腊常用的建筑材料的“微观现实”出发，通过对现代结构材料（钢筋混凝土框架）、体量和墙体的组合，实现了与早期传统和记忆的联系。建筑的布局是常见的迷宫式，通过螺旋形的平面流线串联两侧的展厅。“我想创造的是一种自由的空间，能激发人们感知力的运动，……因而我一直遵循着原来的灵感，它创造了最初的建筑

← 1 走廊
↑ 2 内院
↓ 3 剖面

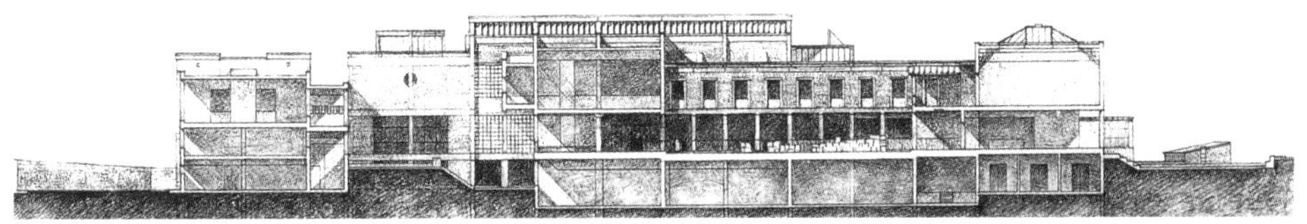

↑ 4 走廊与院落
↓ 5 底层平面

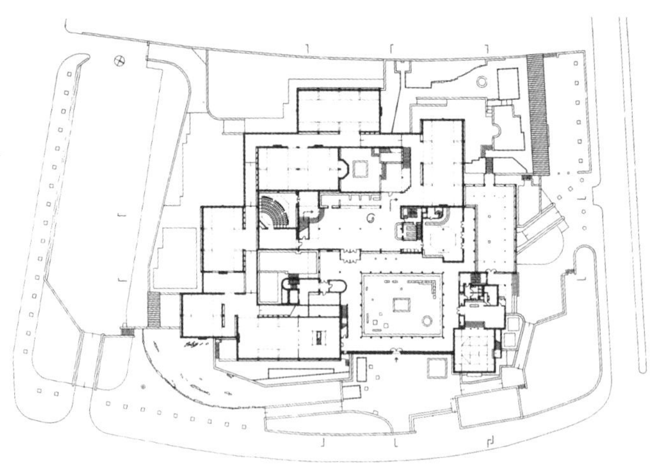

（图和照片由建筑师提供，照片由路易·齐迪斯和卡拉曼·尼恩摄制）

外形。从这一总体出发，通过进一步的划分，我得到了一个个的局部并设法对它们加以改进。”建筑师对局部的关注导致了对其他元素的强调，特别是对几个半开敞区域的空间关系的强调，其中最重要的是主入口处的带周围列柱的中庭和两个内庭。

（Y. 西梅奥弗尔迪斯）

94. 里尔大宫殿

地点：里尔，法国
建筑师：O. M. A.–R. 库尔哈斯建筑师事务所
设计/建造年代：1991—1994

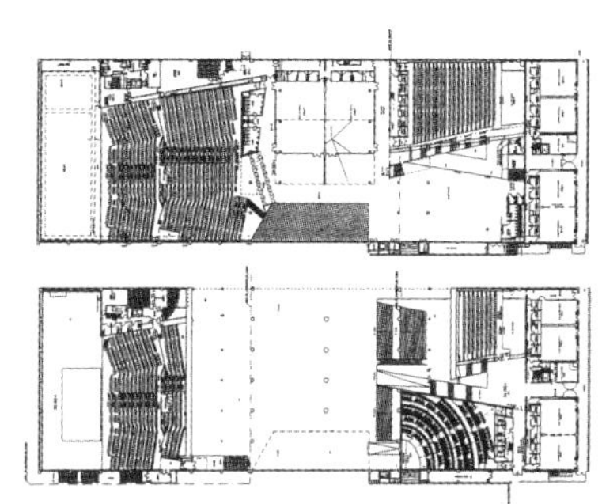

里尔大宫殿属于由O. M. A. –R. 库尔哈斯建筑师事务所设计的法国高速铁路新车站的西区扩建一期工程的一部分。原来的设计想建在老火车站的弯道上空，与其他的扩建设施连成一片。但最终设计成一幢位于该区南端的独立建筑，外形像一个鸡蛋（长300米，面积为60 000平方米），位于铁路线和高速公路出口之间。

大宫殿的房顶和停车场之间有一个展览大厅、

↑ 1 42.00 米及 45.00 米标高处楼层平面
→ 2 外观

↑ 3 全景

一个带有三个报告厅的会议中心和一座音乐厅，库尔哈斯用一个杜撰的新名词“会展大楼”来定义这座建筑。大宫殿就像是一个“水平状的高层建筑”，可以交替或同时实现这三种不同的功能。

大宫殿不同部分的结构和材料也都有所区别：钢框架结构、钢筋混凝土板、钢筋混凝土壳体等。建筑师在外立面上采用了

↑ 4 门厅
↓ 5 南立面
↓ 6 展厅横剖面

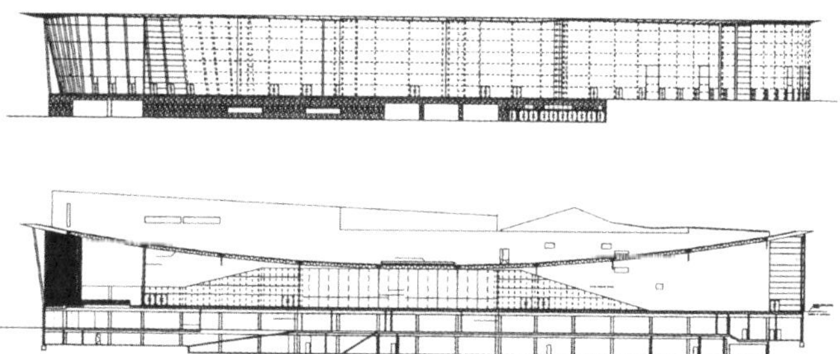

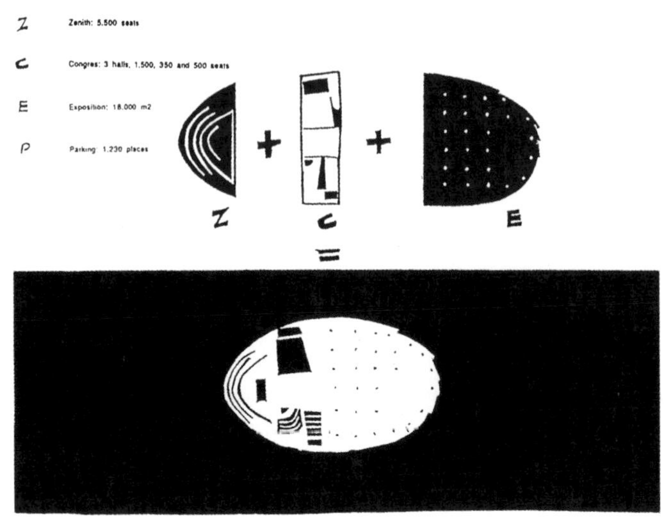

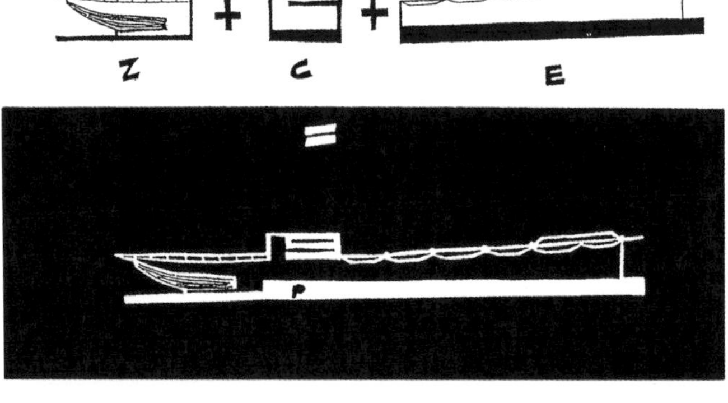

具有不同质感的材料：粗糙的（工业产品）、纯正的（双面加工）和精细的。此外，不同的材料在使用上又有不同的面层：透明的、半透明的和不透明的。这样，通过不同的组合可以形成九种不同的立面。

这座建筑激发了一种边缘美学：不仅表现在它的规模上，而且还表现在它的不均匀性、它的结构和它的材料上。*（L. 斯塔德勒）*

参考文献

Menu, Isabelle, Frank Vermandel, Eurallie. Poser, exposer. Imprimerie L. Vanmelle Gand/Mariakerke, 1995.

O.M.A.Rem Koolhaas, Bruce Mau: *S, M, L, XL*, 010 Publisher/The Monacelli Press. Rotterdam/New York, 1995.

↑ 7 建筑师草图
← 8 内景

（图和照片由建筑师提供）

95. 巴黎音乐城

地点：巴黎，法国
建筑师：C. 德 · 鲍赞巴克
设计 / 建造年代：1984—1995

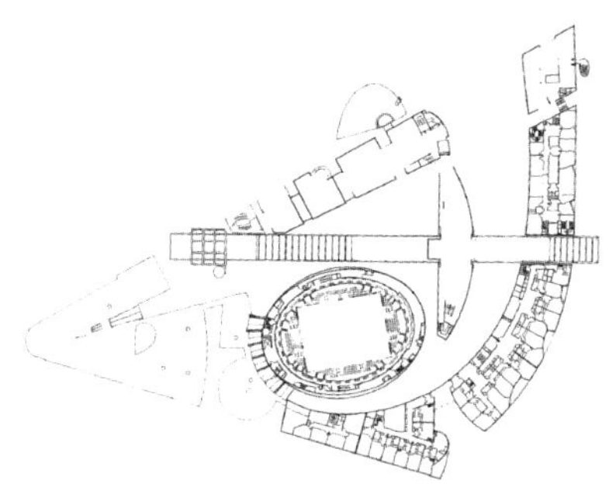

← 1 东半部分上部的楼层平面
↓ 2 音乐学院南侧景观（N. 博雷尔摄影）

音乐城位于巴黎19区的让 · 劳勒斯大街，拉维莱特公园的南入口处，是音乐舞蹈的中心，也是弗朗索瓦 · 密特朗执政时期的十大建筑之一。这组形式丰富的建筑群由东、西两个独立的部分组成。建筑群内部的体量平行布置，但与让 · 劳勒斯大街和“大厅”（一个废置的19世纪的大市场）成一定的角度。它们限定了一个场所，并与周围环境形成了不同的关系。基地西侧

↑ 3 全景

↓ 4 音乐学院上部楼层平面

→ 5 音乐学院入口层平面

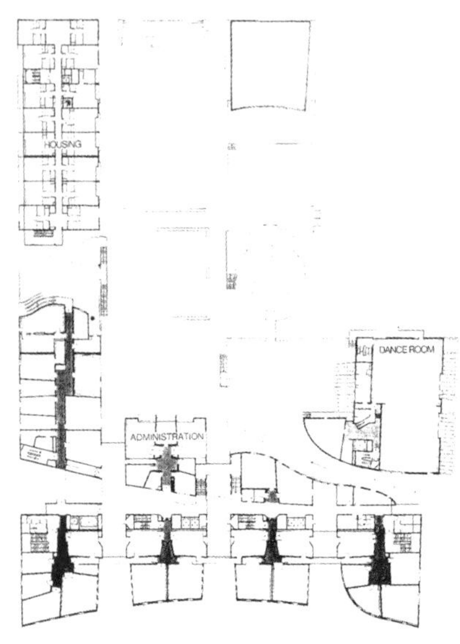

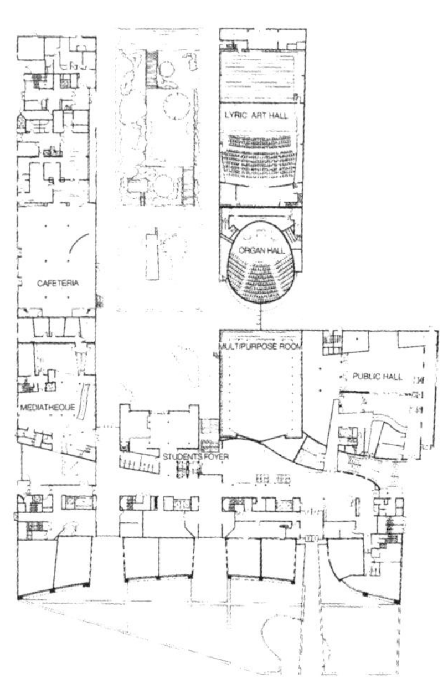

是豪斯曼当年的巴黎市的终点，东侧则是面向未来的拉维莱特公园的起点。从整体上讲，建筑群提供了可供2000余人工作和生活的复杂设施。在这里，不同的功能需求是通过对城市的隐喻加以表现的。这种隐喻以一种富于节奏感的形式为出发点，在虚与实、开敞与封闭、明与暗中交替变幻。音乐城的西翼是国家音乐舞蹈学院，由四条长短不一、有一条透明通廊联系的南北向建筑组成，一片曲面形的围墙作为隔绝噪声的屏障。在南面沿大街一侧的立面设计成曲面形，建筑前面的一泓池水映衬出立面的倒影。建筑的正面突出了曲线形的屋面轮廓，侧面有一座内院，中间突出了管风琴房的锥形。东翼呈三角形，由若干幢建筑组成，空间比西翼更为开敞。东翼建筑群中央是一座椭圆形的音乐厅，它形成了一个螺旋形动线的

↑ 6、7 波浪形屋顶（N. 博雷尔摄影）

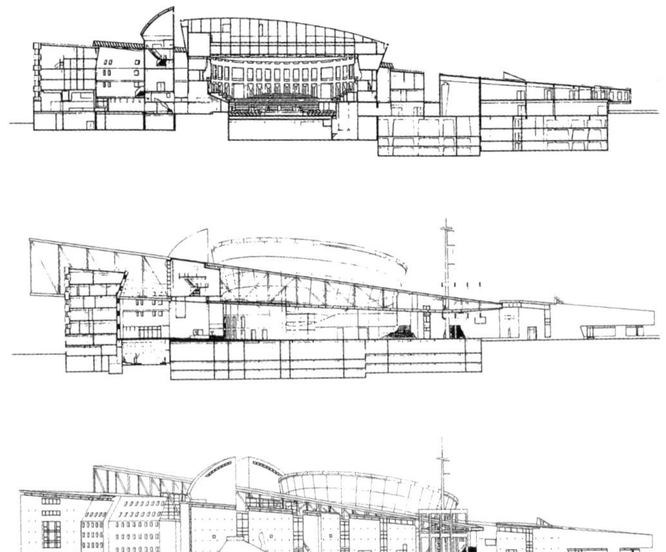

↑ 8 外观
← 9 剖面一
↓ 10 剖面二
↓ 11 立面

中心，其他部分的三层至五层布置了音乐博物馆。厚实的建筑群的体量与开敞空间之间的关系造成了一种张力。*（A. 萨克斯）*

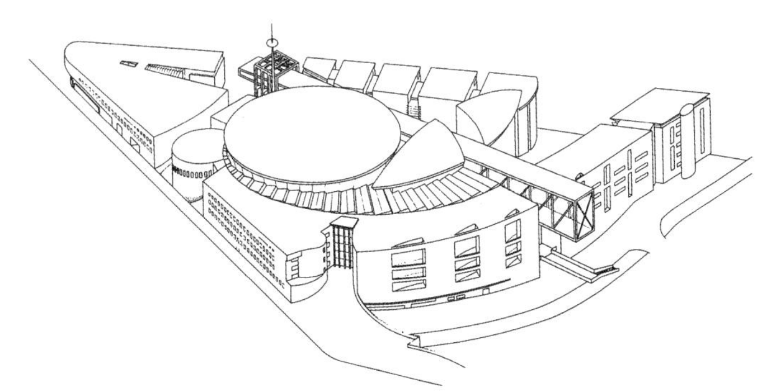

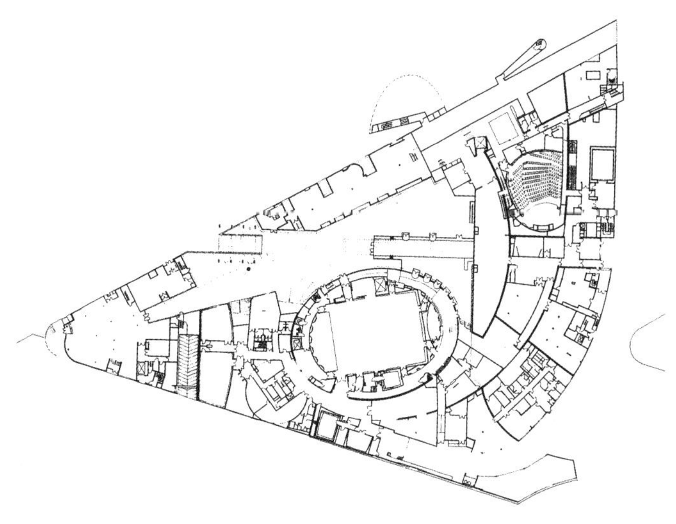

↑ 12 音乐厅（设计图）

↑ 13 轴测图

→ 14 露天剧场层的东半部分平面，中心是椭圆形的音乐厅

← 15 内景
→ 16 沿让·劳勒斯大街立面
↓ 17 音乐厅

（图和照片由建筑师提供）

96. 萨贡托古罗马剧院修复

地点：萨贡托，西班牙
建筑师：G. 格拉西
设计／建造年代：1995

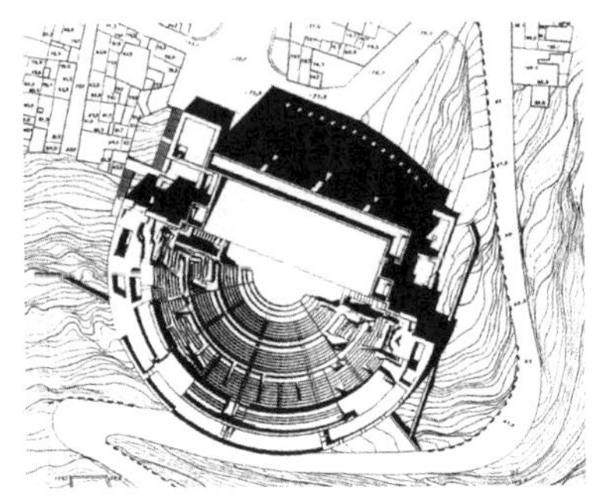

1 总平面
2 在环境中的外观全景
3 全景

G. 格拉西是一位意大利建筑师，以其论著《建筑中的逻辑结构》而闻名于世，这部著作与罗西的《城市建筑》(1966年)一样，都是20世纪60年代新理性主义思潮的组成部分，这一思潮的目的是“把建筑和城市从市民消费主义的泥潭中解救出来”。在格拉西的作品中，格拉西试图“建立必要的构图和组合原理”。

在对西班牙历史名城萨贡托的一个古罗马剧场

↑ 4 开敞一侧的正面外观（P. 巴尔格摄影）

↓ 5 +13.70 米标高的平面

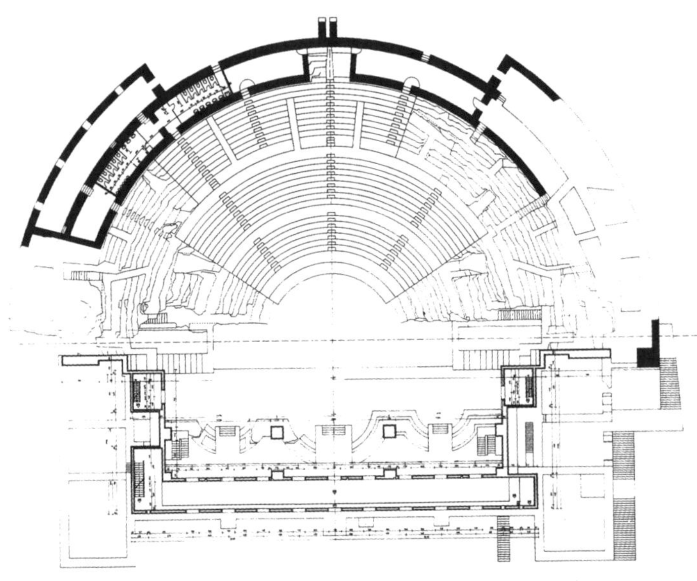

废墟的修复中，格拉西通过一片外墙把废墟与城市分隔开来，为此地段增添了纪念性的色彩。在室内设计上，他保留了古罗马"台阶与舞台形成密不可分的单一形体"的传统。室内还有一个供参观者使用的、横贯剧场的走廊。

（CABP）

参考文献

Frampton, Kenneth, *Modern Architecture, A Critical History*, 3rd ed., London: Thames and Hudson, 1992, p. 294.

Ignasi de Solà-Morales et al., *Birkhäuser Architectural Guide: Spain, 1920-1999*, Basel: Birkhäuser, 1998, p. 330.

↑ 6 立面

↑ 7 剖面

→ 8 带外墙一侧的景观

（图和照片由建筑师提供）

97. 法国国家图书馆

地点：巴黎，法国
建筑师：D. 佩罗
设计／建造年代：1995

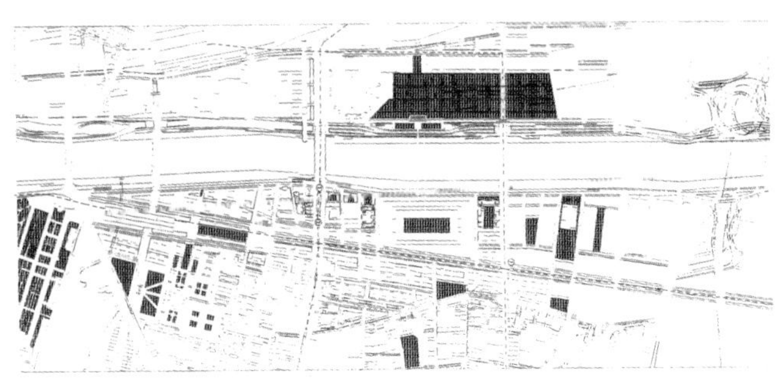

↑ 1 总平面
← 2 立面

法国国家图书馆是一座充满矛盾的建筑：D. 佩罗并没有把它当作一个实体来设计，而是将它作为一个空间植入城市结构。这种新构思是通过三种方式表达的：首先，它是从城市的特殊场所中切分出来的一个底座；其次，它是位于四个角上的塔楼限定了的一个空间，以清晰的几何形状在人们脑海中留下深刻的印象——一个诞生伟大思想的空间；最后，作为一个封闭的、不

↑ 3 全景

↑ 4 从内院看建筑
↓ 5 平面
↓ 6 剖面
→ 7 全景

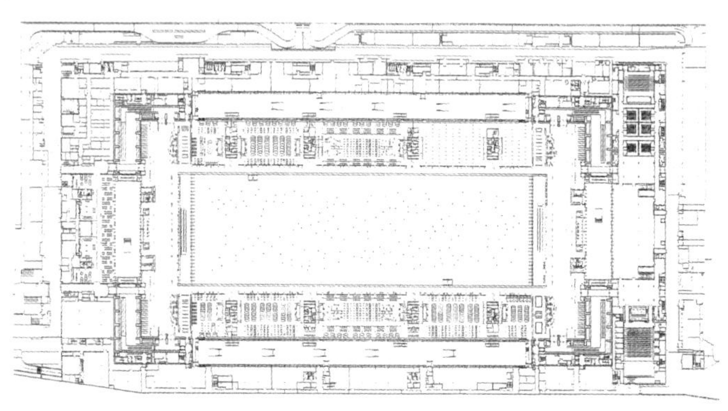

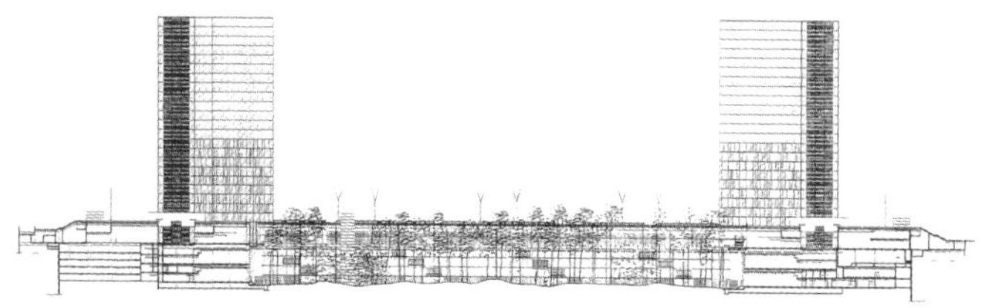

能进入的下沉式花园，原来不带任何含义的自然却被塑造成了有着丰富文化内涵的神话。

设计上的构思也是自相矛盾的，首先表现在总平面设计上，沿街设置了挡土墙和室外楼梯，在城市中创设一个场所。其次是建筑物形式上的多重含义：一方面，塔楼完全是抽象的几何形状，柏拉图式澄明的结晶；另一方面，它的造型又是具象的，仿佛是翻开来让人阅读的书本。最令人感到不可思议的是像皇宫一般大小的花园，这座花园是公共设施的中心，然而却不对公众开放，宛如一片与世隔绝的原始森林，象征着不可触动的自然，这是花巨额投资用高技术的手段将自然还给大地。

通过这些特殊的构思，佩罗设计了这个第一眼看上去带有极简主义色彩的理性建筑，源自概念上的矛盾的丰富内涵，令

T2
→

人震撼的尺度，又酷似永远没有建成的庞然大物（塔楼的实际高度只有80米），温暖的热带木材、冷酷的钢铁和变幻无常的玻璃幕墙之间的对比也产生了动人的吸引力。

参考文献

Perrault, Dominique, *La Bibliothéque de France,* Paris: Editions Carte Segrete, 1989.

Hrsg. Michel Jacues, *Dominique Perrault,* Zürich: Artemis, 1994.

Bibliothéque Nationale de France 1989-1995, *Dominique Perrault, Architecte,* Bordeux/Basel: Editions Arc-en-Rêve/Birkhäuser,1995.

Dominique Perrault, *Des Natures. Jenseits der Architektur,* Basel/Boston/Berlin: Birkhäuser, 1996.

↑ 8 阅览室内景一

← 9 阅览室内景二

（图和照片由建筑师提供，照片由G. 费西摄制）

98. 伊瓜拉达公墓

地点：巴塞罗那，西班牙
建筑师：E. 米拉莱斯，C. 皮诺斯
设计 / 建造年代：1985—1988 / 1988—1992

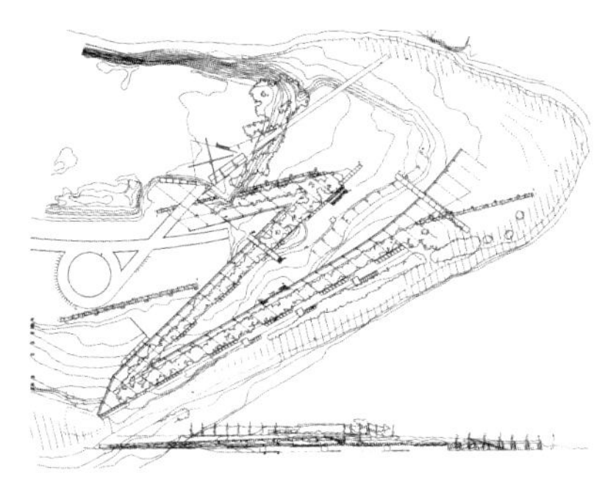

伊瓜拉达公墓建在一块基本上呈线形的地段上，有铁栅栏的大门和椭圆形的露天剧场满足各种仪式活动的要求。墓地蕴含了典型的公墓形式：倾斜的墙面容纳墓穴，遍布的洞穴让人们有一种回归大地的感觉，同时也表现了坟墓满与空的特征，模糊的建筑材料，粗犷的、富于表现力的块状体量，表现出对命运安排的随机性的隐喻，以及构图的瞬时性等。

↑ 1 总平面
→ 2 局部外观

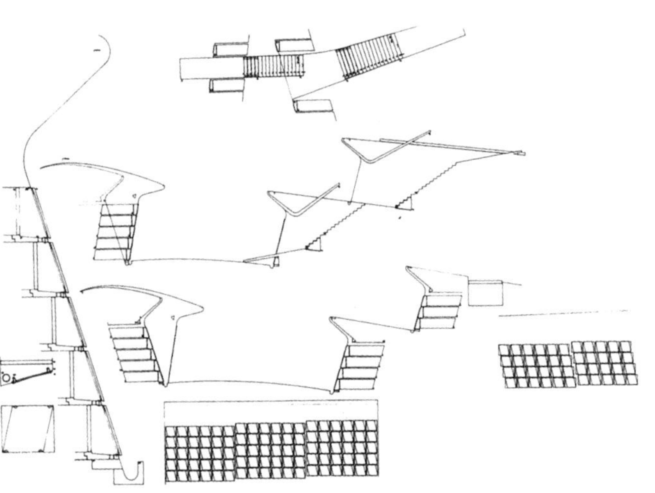

↑ 3 入口

← 4 建筑师草图

↑ 5 石墙

按建筑师的话来说，这个方案与当代巴塞罗那的优秀建筑一样，是与其他的方案相互“冲突”的结果。事实上，这种从现有的作品中“磨”或“炼”出来的形象，真实地记录了建筑师的创作意图和设计过程，就像是通常所说的“火候”。在这种磨炼过程当中，那些古代的符号，从其他建筑所汲取的符号以及画在图纸上的抽象符号，完全失去了它们处于“灼热”状的奇特，它们需要彻底地重新进行物质化。这些材料，准确地说，是“物质”，实质上是在转化：可见的铁制构件，板状的混凝土，未经加工的石料，预制的构件，泥土的运动，散落在地上的七零八落的木板，仿佛洪水泛滥时偶然形成的样子等。粗野主义和刻意求拙在另一方面是对看不见的世界

的一种征兆和期盼。粗重的石块，氧化的铁具，以及它们之间猛烈的碰撞……这些被极力表现的形象正是建筑师想要实现的：这些形象是一种激昂形式的体现，是建筑师们用以反对抽象、反对那个设计图纸中的世界的形式的体现；借助设计对世界进行回应和抽象。*（J. J. 拉韦尔塔）*

↑ 6 骨灰墓
← 7 铁制构件

（图和照片由建筑师提供，照片由 Duccio Malagamba 摄制）

99. 毕尔巴鄂古根海姆博物馆

地点：毕尔巴鄂，西班牙
建筑师：F. 盖里
设计/建造年代：1997

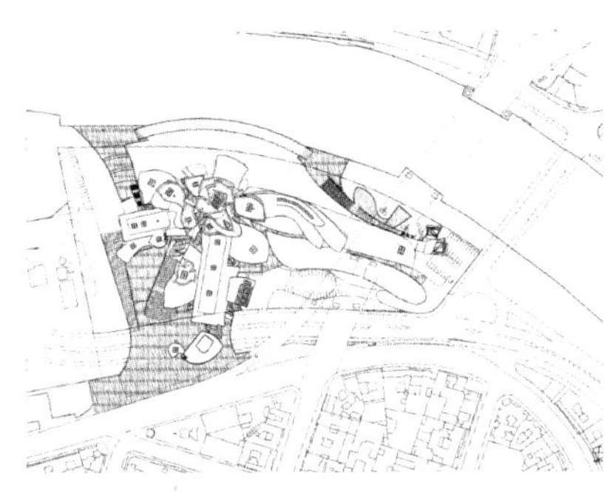

1 总平面
2外观一（E. B.埃代摄影）

在1991年的邀请设计竞赛中，加利福尼亚建筑师F. 盖里战胜了蓝天组和矶崎新，其精彩的美术馆设计为巴斯克地区增添了一个标志性的文化建筑。古根海姆博物馆建在内尔维翁河畔原先的一块工业用地上，作为“世纪工程”，它使用了钛、玻璃和石灰石——这完全是盖里在纽约古根海姆美术馆中形成的传统——创立了建筑学的新思路，成为了城市复兴的灵丹妙

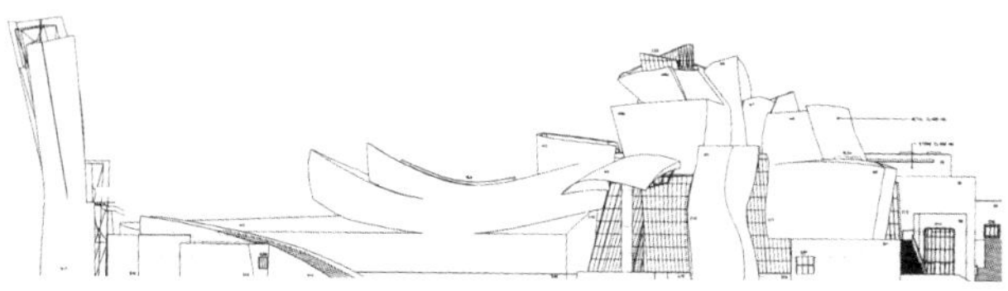

↑ 3 外观二（E. B. 埃代摄影）
← 4 南立面
↓ 5 北立面

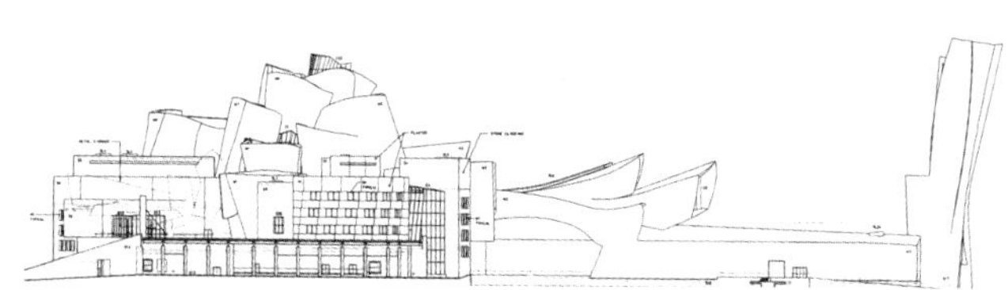

↑ 6外观三(E. B.埃代摄影)

↓ 7 三层平面

药。建筑的形体像火山一样凝聚在一起，像古典建筑那样围绕着中心的三层体量。一个宽20米、高50米的中庭扮演着入口大厅的角色，同时也起到了大型雕塑展厅的作用。一个在飞机设计中应用的计算机软件不仅在概念设计中起到了作用，而

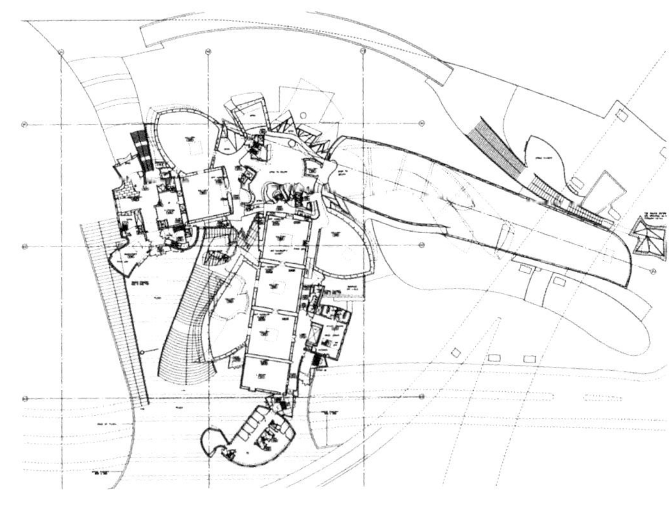

且还保证了多层的、起伏不定的25 000平方米的空间的精确实现，这些空间用于展览馆、观众厅、餐厅、舞台和办公室等。这座为现代和当代艺术而建的美术圣殿有一条侧翼伸入拉斯拉沃公路大桥之下，另一条侧翼则升起成为一座像刀砍过一样的观景塔，形如一尊多臂的湿婆神。盖里不愧为明星建筑师，在处理大建筑体量和创作形体的动感方面得心应手——用K. W. 福斯特的话说——他是一个编舞者。*（V. M. 申德勒）*

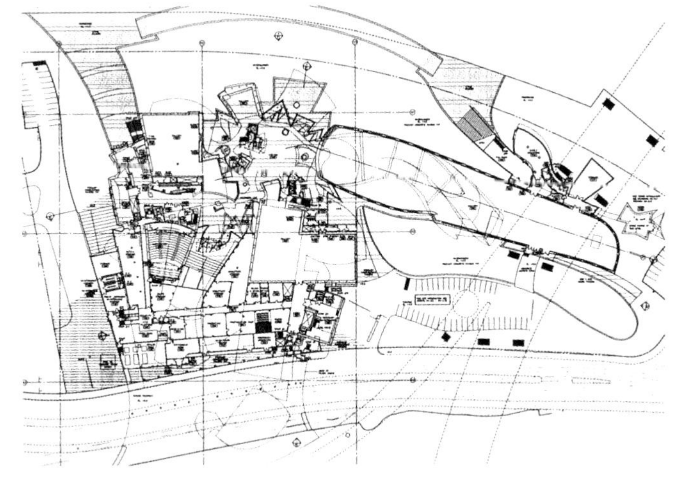

8 室内的柱子（E. B. 埃代摄影）
9 内景（E. B. 埃代摄影）
10 二层平面

（图和照片由建筑师提供）

100. 库尔萨尔文化中心

地点：圣塞瓦斯蒂安，西班牙
建筑师：R. 莫内奥
设计／建造年代：1991／1999

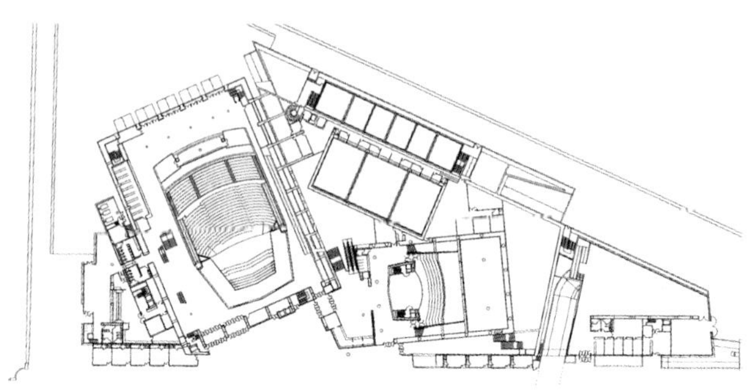

↑ 1 +6.00 米标高处平面
↑ 2 全景（P. 埃斯潘若勒斯摄影）

库尔萨尔文化中心位于乌鲁梅河三角洲的圣塞瓦斯蒂安市，该设计表达了建筑师对建筑场所特质的领悟。莫内奥的基本构思是使乌鲁梅河三角洲保留在景观内，建筑物应当站立在那里。他将文化中心建筑群的主体礼堂和会议厅设计成独立的建筑，好比两块巨石坠落在三角洲。它们不属于这座城市，而是景观中偶然出现的地质现象，建筑物的棱柱形造型更强调了这

↑ 3外观（P. 埃斯潘若勒斯摄影）

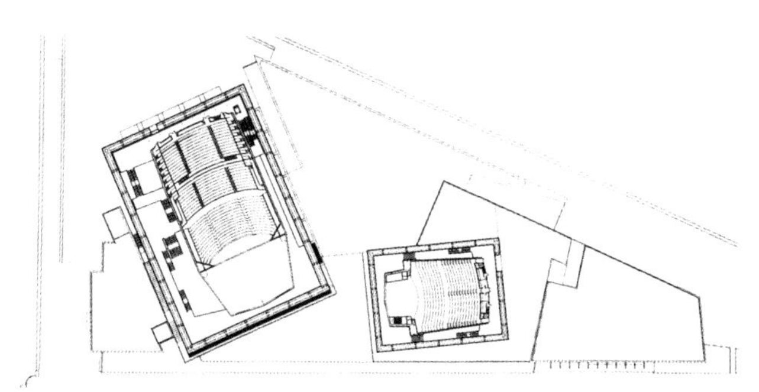

↑ 4 鸟瞰模型（L. 卡萨斯摄影）
↑ 5 +21.65 米标高处平面

（图和照片由建筑师提供）

点，仿佛岩石一样坐落在海边。建筑的外壳是一个有着双层加筋玻璃砖墙的金属结构，日间，抽象的玻璃棱柱体变幻着它的外观，时而反射着日光，时而又像一个透明的物体。夜间，建筑物变成了一个发光源。

两个棱柱体坐落在分散的平台上，从平台上可以观赏到壮丽的海景。展览厅、会议室、餐厅和其他服务设施都布置在平台下面。

莫内奥的设计注重基地特质，很接近地景艺术，建筑的外观有意识地远离城市的传统形象。

（A. 沃多皮韦茨）

本卷主编谢辞

V. M. 兰普尼亚尼

作为一个外国人，要为一本论述20世纪环地中海地区建筑艺术的书划分地理和文化的界限，需要聪慧和没有任何包袱的眼光。历史和文化的界限已然存在：因为地中海地区的有利气候在历史长河中已形成了一种文明，即使在各种细微的差别中依然显示出这种共同的特性，这种特性已深深扎根于它的历史。但新的时期尝试把这种共同的特性从过去投射到现在和将来，直白地加上或多或少的民族主义，如果它没有完全染上殖民主义和极权主义的色彩的话。从1936年米兰三年艺术展时，G. 帕加诺和G. 丹尼尔在艺术宫举办的展览——地中海的乡村建筑，表现了地中海建筑对现代建筑的影响力。勒·柯布西耶不由自主地在30年代加入其中。

这本书的发起人——中国建筑学会以及这本书的出版者完全没有这种背景，对他们而言，展示过去的发展路线的新设想及其共同性的要求也很陌生。这本书，正如其名字所提示的，是建筑精品中的精品：它仅仅是建筑作品选，而在各个精品板块中的链接则尚待读者去实现。至少我们相信，在一种新的、特殊的范围中进行选择将赋予这种选择一种特殊的性质。如果这种选择能激发读者进行新的特别的比较并发现其内在联系，我们从事的工作也就取得了它能得到的最大成就。

如上所述，本书介绍了20世纪地中海沿岸国家建筑的概况。由于这些国家的建筑文化在地理上的不同发展，以及历史学家和批评家出于历史条件局限、受到不平衡欧洲中心主义的影响，这些国家的建筑将在本卷内得到不同程度的展示。选材工作由威尼斯的M. 德·米凯利斯先生，巴塞罗那的J. J. 拉韦尔塔先生，瑞士的J. 吕甘先生，雅典的Y. 西梅奥弗尔迪斯先生和卢布尔雅那的A. 沃多皮韦茨先生完成。我感谢大家，首先感谢Y. 西梅奥弗尔迪斯先生及A. 沃多皮韦茨先生的大力帮助，同样感谢张钦楠先生的信任、支持和耐心，感谢郑时龄先生对中文版本的编辑，感谢W. 松内先生对我的综合评论的校对审核，感谢C. 曼泰尼女士的帮助，最后仍要对D. 瓦尔泽先生的认真细致的材料收集、编辑工作深表感谢。

总参考文献

总目

Amsoneit, Wolfgang. *Contemporary European Architects*, 4 vols. Benedikt Tsachen, 1994.

Benevolo, Leonardo. *History of Modern Architecture* （*Storia dell'architettura moderna*）. Trans. H. J. Landry. Cambridge, Massachusetts：The MIT Press, 1971.

Curtis, William J. R. *Modern Architecture since 1900*. 3rd ed.. London：Phaidon Press, 1996.

Emanuel, Muriel, ed. *Contemporary Architects*. 3rd ed. New York：St. James Press, 1994.

Frampton, Kenneth. *Modern Architecture, A Critical History*. 3rd ed.London：Thames and Hudson, 1992.

Studies in Tectonic Culture: The Poetics of Construction in Nineteenth and Twentieth Century Architecture, Cambridge, Massachusetts：The MIT Press.

Lampugnani, Vittorio Magnago, and Anna Meseure（coordinators）. *European Architecture*, 1984–1994. Barcelona：Fundacio Mies van der Rohe and Frankfurt：Deutsches Architektur Museum, 1994.

Lampugnani, Vittorio Magnago. *Architecture and City Planning in the 20th Century*. New York：Van Nostarnd Reinhold, 1985.

Encyclopaedia of 20th Century Architecture. New York：Harry N. Adams, 1986.

Pevsner, Nikolaus, Sir, *An Outline of European Architecture*. New York：Penguin Books,1945.

Tafuri, Manfredo, and Francesco Dal Co. *Modern Architecture*. Trans. Robert Frich Wolf. New York：Harry N. Adams, Inc., 1979.

Zevi, Bruno, *Storia dell'architettura moderna*. 2nd ed. Torino：Emandi, 1953.

埃及和北非

Fathy, Hassan. *Architecture for the Poor: An Experiment in Rural Egypt*. Chicago and London：The University of Chicago Press, 1973.

Kultermann, Udo. *Contemporary Architecture in the Arab States-Renaissance of a Region*. New York：McGraw-Hill, 1999.

New Directions in African Architecture. New York, 1969.

Steele, James. *Hassan Fathy*. New York：St. Martins Press, 1988. Introduction by A. Wahed El Wakil.

法国

Boissivère, Olivier. *Jean Nouvol*. Basel / Berlin / Boston: Birkhäuser, 1996.

Curtis, William J. R. *Le Corbusier：Ideas and Forms.* Oxford: Phaidon Press, and New York: Rizzoli, 1986.

Gargiani, Roberto. *Auguste Perret 1874–1954: La théorie et l'oeuvre*. Milan：Gaullimard/Elec-

ta, 1994.
Garnier, Tony. *Une cité industrielie: Etude pour ia construction des villes*. New York: Princeton Architectural Press,1989.
Le Corbusier. *The City of Tomorrow and Its Planning*. Trans. Frederick Etchells. New York: Dover Publications, Inc., 1987.
Oeuvre complète, W. Boesiger, ed., Zurich: Girsberger.
Towards a New Architecture, Trans. Frederick Etchells. New York: Praeger Publishers, 1960.
Lesnikowski, Wojeiech. *The New French Architecture.* New York: Rizzoli, 1990.
Portzampac, Christian de, *Christian de Portzampac, 1940-*. Basel: Birkhäuser, 1996.
Tschumi, Bernard. *Event-Cities (Praxis)*. Cambridge, Massachusetts: The MIT Press, 1995.

希腊（Y. 西梅奥弗尔迪斯教授提供）

书籍

Aris Constantinidis, Projects+Buildings. Athens: Agra, 1981.
Atelier 66–The Architecture of Dimitris and Suzana Antonakakis. New York: Rizzoli, 1985.
Dimitris Pikionis–The Architectural Work. Athens: Bastas/Plessas, 1995.
Fessa-Emmanouil, H. *Public Architecture in Modern Greece 1827-1992*. Athens: Papasotiriou, 1993.
Loyer, F. *Architecture de la Grèce contemporaire* (PhD thesis). Paris: Université de Paris, Faculté des Lettres et Sciences Humaines, 1966.
Panos Koulermos. *Architectural Monographs* No.35, London: Academy Editions, 1994.
Philippides, D. *Neohellenic Architecture.* Athens: Melissa, 1985 (in Greek).
T. Ch. Zenetos 1926-1977. Athens: Architecture in Greece Press, 1978.

期刊

Architektoniki. Athens (1/1957 to 83/1970).
Architecture in Greece. Athens (1/1967 to 33/1999).
Design+Art in Greece. Athens (1/1970 to 30/1999).
Tefchos. Athens (1/1989-14-15/1995).

展览目录

9H Publications. London, 1984.
Dimitris Pikionis–A Sentimental Topography. A. Boyarsky, editor, AA File, Architectural Association, London, 1989.
Ideas for the Greek Pavilion. Y. Simeoforidis, editor. 5th International exhibition of Architecture, Venice Biennale, Ministry of Culture, 1991.
Landscapes of the Intimate. Y. Simeoforidis, Y. Aesopos, editors. XIX Triennale, Milan, 1996, Ministry of Culture, Athens, May 1996.
Landscapes of Modernisation-Greek Architecture 1960s and 1990s. Y. Aesopos, Y. Simeoforidis, editors. Athens: Metapolis Press, 1999.
New Public Buildings, Antonakakis, Tombazis, Valsamakis. H.Fessas-Emmanouil, editor. 5th International exhibition of Architecture, Venice Biennale, Ministry of Culture, 1991.
Nicos Valsamakis, 1950-1983. E. Costantopoulos, editor.
The Architect Kyriakos Krokos. A. Giacumacatos, editor. 6th International exhibition of Architecture, Venice Biennale, Ministry of Culture, Athens, 1996.

指南

Doumanis, Orestis. *Guide to Post-War Architecture in Greece 1945-1983*. Architecture in Greece Press, 1984.
Protestou, E. *Athens-A Guide to Recent Architecture*. London: Elliplis and Köln: Könemann, 1998.

意大利

Adjmi, Morris, and Giovanni Bertolotto, eds. *Aldo Rossi: Drawings and Paintings*. New York:

Princeton Architectural Press.
Apollonio, Umbro, ed. *Futurist Manifestos*. Trans. Robert Brain, R. W. Flint, J. C. Higgit and Caroline Tisdall. New York：Viking Press, 1973.
Brino, Giovanni. *Carlo Mollino: Architecture as Autobiography: Architecture Furniture Interior Design*. New York：Rizzoli, 1987.
Buchanan, Peter. *Renzo Piano Building Workshop：Completed Works*. London：Phaidon Press, 1995.
Caramel, Luciano, Alberto Longatti. *Antonio Sant'Elia: The Completed Works*. New York：Rizzoli,1987.
Dal Co, Francesco, Guiseppe Mazzariol. *Carlo Scarpa：The Complete Works*. Milan：Electa, 1984.
Doordan, Dennis P. *Building Modern Italy：Italian Architecture, 1914-1936*. New York：Princeton Architectural Press,1988.
Etlin, Richard A. *Modernism in Italian Architecture, 1890-1940*. Cambridge, Massachusetts: The MIT Press, 1991.
Garofalo, Francesco, Luca Veresani, *Adalberto Libera*. New York：Princeton Architectural Press, 1992.
Gio Ponti 1891-1979 from Human Scale to the Post-Modernism. Exh. Cat. Tokyo：The Seibu Museum of Art, 1986.
Giuseppe Terragni. Milan：Electa, 1996.
Grassi, Giorgio. *La costruzione logica dell'architettura*. Padova, Marsilio, 1967.
Lichtenstein, Claude. *Luigi Snozzi*. Basel / Berlin / Boston：Birkhäuser, 1996.
Marciano, Ada Francesca. *Giuseppe Terragni: Opera Completa, 1925-1943*. Rome：Officiana, 1987.
Meyer, Esther da Costa. *The Work of Sant'Elia: Retreat into the Future*. New Haven：Yale University Press, 1995.
Rossi, Aldo. *The Architecture of the City (L'architettura della città)*. Trans. Diane Ghirardo and Joan Ockman. Cambridge, Massachusetts：The MIT Press, 1982.

葡萄牙

Becker, Annette, Ana Tostoes and Wilfried Wang. *Architektur im 20. Jahrhundert：Portugal*. Munich：Prestel; Frankfurt-am-Main：Deutsches Architektur Museum；Lisbon：Portugal-Frankfurt 97.
Testa, Peter, *Alvaro Siza*, Basel: Birkhäuser, 1996.

斯洛文尼亚和巴尔干国家（A. 沃多皮韦茨教授提供）

Brkič, Aleksej. Znakovi u kameru, *Srpska moderna arhitektura 1930-1980 (Modern Architecture of Serbia 1930-1980)*, (in Serbian). Beograd: Savez Arhitekata Srbije, 1992.
Grabrijan, Neidhardt J. *Architecture of Bosnia*(in Slovene/English). Ljubljana：DZS, 1957. Foreword by Le Corbusier.
Hommage a Edvard Ravinikar 1907-1993(in Slovene/English). France Ivašek, ed., Ljubljana, 1995.
Hrausky, A., and J. Koželj, D. Prelovšek. *Plečnik's Ljubljana* (in English), Ljubljana：DESSA, 1992.
Krečič Peter. *Plečnik-The Complete Works* (in English). London：Academy, 1993.
Prelovšek, Damjan, *Josef Plečnik 1872-1957* (in German). Salzburg & Wien：Residenz Verlag, 1992.
Štraus, Ivan. *Arhitektura Jugoslavije 1945-1990 (Architecture of Jugoslavija 1945-1990)* (in Croatian). Sarajevo：Svjetlost, 1991.

西班牙（J. J. 拉韦尔塔教授提供）

Baldellou, Miguel A., Capitel, A. *Arquitectura*

del siglo XX. Madrid: Summa Artis, Espasa Calpe, 1995.

Bru, Eduard, and J. L. Mateo. *Arquitectura española contemporánea*. Barcelona: Gustau Gili, 1984.

Cabrero, Gabriel Ruiz. *Spagna Architecttura 1965-1988*. Milan: Electa,1989.

Domènch, Lluis. *Arquitectura española contemporánea*. Barcelona: Blume,1968.

Flores,Carlos. *Arquitetura española contemporánea 1880-1960*. 2 vols.,Madrid: Aguilar, 1961.

Frampton, Kenneth. *Contemporary Spanish Architecture: An Eclectic Panorama*. New York: Rizzoli, 1986.

Ignasi de Solà-Morales et al., *Birkhäuser Architectural Guide: Spain,1920-1999*, Basel: Birkhäuser, 1998.

Lahuerta, Juan José. *Antoni Gaudi: Arquitectura, ideologia y polilica*. Milan/Madrid: Electa 1992/1993.

Levene, Richard C., Fernando Márquez, Antonio Ruiz. *Arquitectura española contemporánea 1975-1990*. 2 vol., Madrid: El Croquis, 1989.

Pizza, Antonio. *cuia de la arquitectura del siglo XX: España*. Milano/Madrid: Electa, 1997.

英中建筑项目对照

1. Ascensore di Santa Justa, Lisbon, Portugal, arch. Raoul Mesnier du Ponsard
2. Eglise Saint-Jean-de-Montmartre, Paris, France, arch. Anatole de Baudot
3. Entrance to the Paris Metro, Paris, France, arch. Hector Guimard
4. Immeuble de logements, rue Franklin, Paris, France, arch. Auguste Perret
5. Palau de la Musica Catalana, Barcelona, Spain, arch. Lluis Domenech i Montaner
6. Fina vinicola Codomiuo, Lisbon, Portugal, arch. Josep Puig i Cadafalch
7. Casa Battlò, Barcelona, Spain, arch. Antoni Gaudi
8. Grand Hotel, Palma de Mallorca, Spain, arch. Lluis Domenèch i Montaner
9. La Samaritaine, Department Store No. 2, Paris, France, arch. Frantz Jourdain
10. Casa Mila, "La Pedrera", Barcelona, Spain, arch. Antoni Gaudi
11. Ciudad Lineal, Madrid, Spain, arch. Arturo Soria I Mata
12. Théatre des Champs-Élysées, Paris, France, arch. Auguste and Gustave Perret
13. Immeuble de logements, rue Vavin, Paris, France, arch. Henri Sauvage
14. Abattoirs de la Mouche, Lyons, France, arch. Tony Garnier
15. Parc Güell, Barcelona, Spain, arch. Antoni

1. 圣胡斯塔升降机塔，里斯本，葡萄牙，建筑师：R. M. 迪蓬萨尔
2. 圣让·迪·蒙马尔特教堂，巴黎，法国，建筑师：A. 迪·博多
3. 巴黎地铁站入口，巴黎，法国，建筑师：H. 吉马尔
4. 富兰克林路公寓，巴黎，法国，建筑师：A. 佩雷
5. 加泰罗尼亚音乐宫，巴塞罗那，西班牙，建筑师：L. 多梅内奇·伊·蒙塔内尔
6. 科多米乌酒厂，巴塞罗那，西班牙，建筑师：J. 普伊赫·伊·卡达法尔奇
7. 巴特洛住宅，巴塞罗那，西班牙，建筑师：A. 高迪
8. 帕尔马大酒店，帕尔马，西班牙，建筑师：L. 多梅内奇·伊·蒙塔内尔
9. 撒马利亚第二百货商场，巴黎，法国，建筑师：F. 茹尔丹
10. 米拉公寓，巴塞罗那，西班牙，建筑师：A. 高迪
11. 带状城市，马德里，西班牙，建筑师：A. 索里亚·伊·马塔
12. 香榭丽舍剧院，巴黎，法国，建筑师，A. 佩雷与 G. 佩雷
13. 瓦万路公寓，巴黎，法国，建筑师：H. 绍瓦热
14. 巨蜂屠宰场，里昂，法国，建筑师：T. 加尼耶
15. 古埃尔公园，巴塞罗那，西班牙，建筑师：

Gaudi

16. Iglesia de San Bartolomé, Vistabella, Tarragona, Spain, arch. Josep Maria Jujol
17. Templo de la Sagrada Familia, Barcelona, Spain, arch. Antoni Gaudi
18. Casa Negre, Sant Joan Despi, Barcelona, Spain, arch. Josep M. Jujol
19. Maison Tristan Tzara, Paris, France, arch. Adolf Loos
20. Villa de Monzie, Garches, France, arch. Le Corbusier and Pierre Jeanneret
21. Fabbrica Fiat, Lingotto, Turin, Italy, arch. Matté Trucco
22. Maison "E. 1027", Roquebrune, France, arch. Eileen Gray (with Jean Badovici)
23. German Pavilion for the International Exposition in Barcelona, Barcelona, Spain, arch. Ludwig Mies van der Rohe
24. Villa Savoye, Poissy, France, arch. Le Corbusier & Pierre Jeanneret
25. Three Bridges, Preseren trg, Ljubljana, Slovenia, arch. Josef Plečnik
26. Ecole Karl Marx, Villejuif, France, arch. André Lurçat
27. Maison de verre, Paris, France, arch. Pierre Chareau with Bernard Bijvoet
28. The New Santa Maria Station, Florence, Italy, arch. Gruppo Toscano
29. Casa Rustici, Milan, Italy, arch. Guiseppe Terragni and Pietro Lingeri
30. Grandstand at the Race-course of Zarzuela, Madrid, Spain, arch. Eduardo Torroja, Carlos Arniches, Martin Dominiquez
31. Casa delle armi (academia della scherma), Rome, Italy, arch. Luigi Moretti
32. Insieme residenziale Casa Bloc, Barcelona, Spain, arch. Josep Luis Sert, J. Subriana, J. Clavé
33. Palazzo delle poste, Naples, Italy, arch. Gi-

A. 高迪

16. 圣巴尔托洛梅教堂，塔拉戈纳，西班牙，建筑师：J. M. 胡霍尔
17. 圣家族大教堂，巴塞罗那，西班牙，建筑师：A. 高迪
18. 内格雷别墅，巴塞罗那，西班牙，建筑师：J. M. 胡霍尔
19. 特里斯坦·查拉住宅，巴黎，法国，建筑师：A. 路斯
20. 蒙齐别墅，加尔什，法国，建筑师：勒·柯布西耶与 P. 让纳雷
21. 菲亚特汽车厂，都灵，意大利，建筑师：M. 特鲁科
22. E.1027 住宅，罗克布吕讷，法国，建筑师：E. 格雷与 J. 伯多维奇
23. 巴塞罗那博览会德国馆，巴塞罗那，西班牙，建筑师：密斯·凡·德·罗
24. 萨伏伊别墅，普瓦西，法国，建筑师：勒·柯布西耶与 P. 让纳雷
25. 卢布尔雅那的三联桥，卢布尔雅那，斯洛文尼亚，建筑师：J. 普列茨尼克
26. 卡尔·马克思学校，维勒瑞夫，法国，建筑师：A. 吕尔萨
27. 水晶屋，巴黎，法国，建筑师：P. 夏洛和 B. 比沃
28. 新圣母玛利亚火车站，佛罗伦萨，意大利，建筑师：托斯卡纳设计小组（F. 米凯卢奇，N. 巴罗尼，P. N. 贝拉尔迪，I. 贞贝里尼，S. 瓜涅里，L. 卢萨纳）
29. 鲁斯蒂奇住宅，米兰，意大利，建筑师：G. 泰拉尼和 P. 林杰里
30. 萨尔苏埃拉宫跑马场看台，马德里，西班牙，建筑师：E. 托罗哈，C. 阿尼切斯，M. 多米尼克
31. 军队之家（击剑学院），罗马，意大利，建筑师：L. 莫雷蒂
32. 巴塞罗那廉租公寓，巴塞罗那，西班牙，建筑师：J. L. 塞特，J. T.-克拉韦，J. B. 苏维拉纳
33. 那不勒斯邮政大厦，那不勒斯，意大利，建

useppe Vaccaro and Gino Franzi

34. Casa del Fascio, Como, Italy, arch. Guiseppe Terragni
35. T. B. C. Dispensary, Barcelona, Spain, arch. Josep Lluis Sert, Josep Torres-Clavé and Joan Baptista Subriana
36. Infant School Sant' Elia, Como, Italy, arch. Giuseppe Terragni
37. Musée des travaux publics, Paris, France, arch. Auguste Perret
38. T. B. C. Dispensary, Alessandria, Italy, arch. Ignazio Gradella
39. Maison du peuple, Clichy, France, arch. Jean Prouvé, E. Beaudouin, M. Lods, V. Bodiansky
40. Apartment Buildings, Cernobbio, Italy, arch. Cesare Cattaneo
41. Giuliani-Figerio Apartment Building, Como, Italy, arch. Guiseppe Terragni
42. University Library, Ljubljana, Slovenia, arch. Josef Plečnik
43. Casa Malaparte, Capri, Italy, arch. Adalberto Libera
44. Lodge Station, Val de Susa, Piemonte, Italy, arch. Carlo Mollino
45. Stazione Termini, Rome, Italy, arch. L. Galini, M. Castellazi, V. Fadigati, E. Montuori, A. Pintonello
46. Casa "Il Girasole", Rome, Italy, arch. Luigi Moretti
47. Apartment Building, Barcelona, Spain, arch. Antonio Coderch
48. Ugaide House, Caldetas, Girona, Spain, arch. Antonio Coderch
49. Unité d' habitation, Marseille, France, arch. Le Corbusier
50. Ensemble de logements "Aéro Habitat", Alger, Algeria, arch. Louis Miquel et al
51. Palazzo del Congressi, EUR, Rome, Italy, arch. Adalberto Libera
52. Maison de Jean Prouve Nancy, France, arch. Jean Prouve

筑师：G. 瓦卡罗和 G. 弗兰齐

34. 法西奥宫，科莫，意大利，建筑师：G. 泰拉尼
35. 巴塞罗那肺结核病防治所，巴塞罗那，西班牙，建筑师：J. L. 塞特，J. T.-克拉韦，J. B. 苏维拉纳
36. 圣艾利亚孤儿学校，科莫，意大利，建筑师：G. 泰拉尼
37. 公共工程博物馆，巴黎，法国，建筑师：A. 佩雷
38. 亚历山德里亚肺结核病防治所，亚历山德里亚，意大利，建筑师：I. 格拉代拉
39. 克利希人民宫，克利希，法国，建筑师：J. 普鲁韦，E. 博杜安，M. 洛兹，V. 博迪安斯基
40. 切尔诺比奥公寓楼，切尔诺比奥，意大利，建筑师：C. 卡塔内奥
41. 朱利亚尼・弗里杰瑞奥公寓，科莫，意大利，建筑师：G. 泰拉尼
42. 卢布尔雅那国立大学图书馆，卢布尔雅那，斯洛文尼亚，建筑师：J. 普列茨尼克
43. 马拉巴尔代别墅，卡普里岛，意大利，建筑师：A. 利贝拉
44. 黑湖缆车站，皮埃蒙特，意大利，建筑师：C. 莫利诺
45. 罗马火车总站，罗马，意大利，建筑师：L. 加利尼，M. 卡斯泰拉齐，V. 法迪加蒂，E. 蒙托里，A. 平托内洛
46. "向日葵"公寓，罗马，意大利，建筑师：L. 莫雷蒂
47. 巴塞罗那公寓，巴塞罗那，西班牙，建筑师：A. 科德尔赫
48. 乌加尔德住宅，吉罗那，西班牙，建筑师：A. 科德尔赫
49. 马赛公寓，马赛，法国，建筑师：勒・柯布西耶
50. "空中楼阁"住宅群，阿尔及尔，阿尔及利亚，建筑师：L. 米克尔，P. 布尔捷，J. F.- 拉卢瓦
51. 新罗马议会大厦，罗马，意大利，建筑师：A. 利贝拉
52. J. 普鲁韦住宅，南锡，法国，建筑师：J. 普鲁韦

53. Chapelle Notre-Dame-du Haut, Ronchamp, France, arch. Le Corbusier
54. Civil Government Building, Tarragona, Spain, arch. Alejandro de la Sota
55. Ensemble de logements "Climat de France", Alger, Algeria, arch. Fernand Pouillon
56. Torre Velasca, Milan, Italy, arch BBPR with Arturo Danusso (engineer)
57. Landscaping of the Acropolis and Philopappus Hill, Athens, Greece, arch. Dimitris Pikionis with Alexandros Papageorgiou
58. Palazzetto dello Sport, Rome, Italy, arch. Pier Luigi Nervi with Annibale vitellozi
59. Municipal Assembly Hall, Kranj, Slovenia, arch. Edvard Ravnikar
60. Couvent de la Tourette, Eveux-sur-Arbresie, France, arch. Le Corbusier
61. Grattecielo Pirelli, Milan, Italy, arch. Gio Ponti with G. valtolina, E. Dell' Orto
62. Doxiadis Office Building, Athens, Greece, arch. C. Doxiadis, T. Kouravelos, A. Scheepers
63. Uffici Zanussi, Porcia, Italy, arch. Gino Valle
64. Villa La Ricarda, Barcelona, Spain, arch. Antoni Bonet
65. Pavilion of the Nordic Countries, Giardini della Biennale, Venice, Italy, arch. Sverre Fehn
66. Memorial de la Deportation, Ile de la Cité, Paris, France, arch. Georges-Henri Pingusson
67. Gymnasium of the Lycée Maravillas, Madrid, Spain, arch. Alejandro de la Sota
68. Dog-tracks Meridiana, Barcelona, Spain, arch. Antoni Bonet, Josep Puig
69. Museo di Castelvecchio, Verona, Italy, arch. Carlo Scarpa
70. Etablissement de bains, Le'a de Pilmeira, Portugal, arch. Alvaro Siza
71. Eglise Sainte-Bernadette, Nevers, France, arch. Claude Parent with Paul Virilio

53. 朗香教堂，朗香，法国，建筑师：勒・柯布西耶
54. 塔拉戈纳市政大楼，塔拉戈纳，西班牙，建筑师：A. 德・拉・索塔
55. "法国风土"住宅群，阿尔及尔，阿尔及利亚，建筑师：F. 普永
56. 维拉斯加塔楼，米兰，意大利，建筑师：BBPR 事务所，工程师：A. 达努索
57. 雅典卫城及菲洛帕普斯山景观设计，雅典，希腊，建筑师：D. 皮基奥尼斯，A. 帕帕耶奥尔尤
58. 罗马小体育宫，罗马，意大利，建筑师：P. L. 奈尔维与 A. 维泰洛齐
59. 克拉尼市议会厅，克拉尼，斯洛文尼亚，建筑师：E. 拉夫尼卡
60. 拉土雷特修道院，埃夫尔，法国，建筑师：勒・柯布西耶
61. 皮雷利大厦，米兰，意大利，建筑师：G. 蓬蒂与 G. 瓦尔托利纳，E. 德洛尔托
62. 佐克西亚季斯事务所办公楼，雅典，希腊，建筑师：C. 佐克西亚季斯，T. 库拉韦洛斯，A. 舍佩斯
63. 扎努西公司办公楼，波尔恰，意大利，建筑师：G. 瓦莱
64. 拉利卡达别墅，巴塞罗那，西班牙，建筑师：A. 博内特
65. 威尼斯双年艺术展览园北欧馆，威尼斯，意大利，建筑师：S. 费恩
66. 集中营遇难者纪念堂，巴黎，法国，建筑师：G.-H. 潘古森
67. 马拉维拉学校体育馆，马德里，西班牙，建筑师：A. 德・拉・索塔
68. 子午线跑狗场，巴塞罗那，西班牙，建筑师：A. 博内特，J. 普伊赫
69. 古堡博物馆，维罗纳，意大利，建筑师：C. 斯卡尔帕
70. 帕尔梅拉海滨游泳场，帕尔梅拉，葡萄牙，建筑师：A. 西萨
71. 圣贝尔纳代特教堂，讷韦尔，法国，建筑师：C. 帕朗与 P. 维里利奥

72. New Bariz, Oasi di Kharga, Egypt, arch. Hassan Fathy
73. Torres Blancas, Madrid, Spain, arch. Francisco Javier Sáenz de Oiza
74. Gallaratese II, Milan, Italy, arch. Carlo Aymonino & Aldo Rossi
75. Joan Miró Foundation, Barcelona, Spain, arch. Josep Lluis Sert
76. Walden 7, San Justo Desvern, Barcelona, Spain, arch. Ricardo Bofill
77. Centre National d' Art et de Culture Georges Pompidou, Paris, France, arch. Renzo Piano and Richard Rogers (eng. Ove Arup and Partners)
78. Housing Project, Quinta da Malagueira, Evora, Portugal, arch. Alvaro Siza
79. The Brion Tombs, San Vito d' Altivole, Italy, arch. Carlo Scarpa
80. Students' Dormitory, Chieti, Italy, arch. Giorgio Grassi with Antonio Monestiroli
81. Ensemble de logements La Noiseraire, Noisy-le-Grand, France, arch. Henri Ciriani
82. Plaza dels Països Catalans, Barcelona, Spain, arch. Alberto Viaplana Veá, Helio Piñón
83. San Cataldo Cemetery, Modena, Italy, arch. Aldo Rossi
84. Museum of Roman Art, Mérida, Spain, arch. Rafael Moneo
85. Institut du Monde Arabe, Paris, France, arch. Jean Nouvel et al
86. Parc de la Villette, Paris, France, arch. Bernard Tschumi
87. San Nicola Stadium, Bari, Italy, arch. Renzo Piano
88. Cultural Center "Casa das Artes", Porto, Portugal, arch. Edouardo Souto de Moura
89. Santa Justa Railway Station, Seville, Spain, arch. Antonio Cruz, Antonio Ortiz
90. Municipal Sports Stadium, Badalona, Spain, arch. Esteve Bonell, Francesc Rius

72. 巴里斯新城，哈里杰绿洲，埃及，建筑师：H. 法赛
73. 马德里白塔，马德里，西班牙，建筑师：F. J. S. 德・奥伊萨
74. 加拉拉泰塞 2 号住宅，米兰，意大利，建筑师：C. 艾莫尼诺与 A. 罗西
75. 米罗基金会馆，巴塞罗那，西班牙，建筑师：J. L. 塞特
76. 瓦尔登 7 号住宅，巴塞罗那，西班牙，建筑师：R. 博菲尔
77. 蓬皮杜国家艺术和文化中心，巴黎，法国，建筑师：R. 皮亚诺与 R. 罗杰斯，工程师：奥雅纳工程事务所
78. 昆塔・达・马拉古伊拉住宅区，埃武拉，葡萄牙，建筑师：A. 西萨
79. 布里昂家族墓园，阿尔蒂沃勒，意大利，建筑师：C. 斯卡尔帕
80. 基耶蒂学生公寓，基耶蒂，意大利，建筑师：G. 格拉西与 A. 莫内斯蒂罗利
81. 拉努瓦瑟莱住宅区，大努瓦西，法国，建筑师：H. 奇里亚尼
82. 加泰罗尼亚国家广场，巴塞罗那，西班牙，建筑师：A. V. 贝亚 / H. 皮尼翁
83. 圣卡塔尔多墓园，摩德纳，意大利，建筑师：A. 罗西
84. 梅里达罗马艺术博物馆，梅里达，西班牙，建筑师：R. 莫内奥
85. 阿拉伯世界研究所，巴黎，法国，建筑师：J. 努韦尔与 P. G. 勒塞内斯，P. 索里亚建筑师事务所
86. 拉维莱特公园，巴黎，法国，建筑师：B. 屈米
87. 圣尼古拉体育场，巴里，意大利，建筑师：R. 皮亚诺
88. 波尔图艺术宫文化中心，波尔图，葡萄牙，建筑师：E. S. 德・莫拉
89. 塞维利亚圣胡斯塔火车站，塞维利亚，西班牙，建筑师：A. 克鲁斯，A. 奥尔蒂斯
90. 巴达洛纳体育馆，巴达洛纳，西班牙，建筑师：E. 博内尔，F. 里乌斯

91. Congress and Exhibition Center, Salamanca, Spain, arch. Juan Navarro Baldeweg
92. Faculty of Architecture, Porto, Portugal, arch. Alvaro Siza
93. Museum of Byzantine Culture, Thessaloniki, Greece, arch. Kyriakos Kronos with George Makris
94. Grand Palais, Lille, France, arch. OMA-Rem Koolhaas
95. Cité de la musique, Paris, France, arch. Christian de Portzamparc
96. Restoration of the Roman Theater, Sagunto, Spain, arch. Giorgio Grassi
97. Bibliothèque nationale de France, Paris, France, arch. Dominique Perrault
98. Cemeterio de Igualada, Barcelona, Spain, arch. Enric Miralles and Carme Pinòs
99. Guggenheim Museum, Bilbao, Spain, arch. Frank Gehry
100. Kursaal, San Sebastian, Spain, arch. Rafael Moneo

91. 萨拉曼卡议会宫，萨拉曼卡，西班牙，建筑师：J. N. 巴尔德维齐
92. 波尔图大学建筑学院，波尔图，葡萄牙，建筑师：A. 西萨
93. 拜占庭文化博物馆，塞萨洛尼基，希腊，建筑师：K. 克罗诺斯与 G. 马克里斯
94. 里尔大宫殿，里尔，法国，建筑师：O. M. A.-R. 库尔哈斯建筑师事务所
95. 巴黎音乐城，巴黎，法国，建筑师：C. 德·鲍赞巴克
96. 萨贡托古罗马剧院修复，萨贡托，西班牙，建筑师：G. 格拉西
97. 法国国家图书馆，巴黎，法国，建筑师：D. 佩罗
98. 伊瓜拉达公墓，巴塞罗那，西班牙，建筑师：E. 米拉莱斯，C. 皮诺斯
99. 毕尔巴鄂古根海姆博物馆，毕尔巴鄂，西班牙，建筑师：F. 盖里
100. 库尔萨尔文化中心，圣塞瓦斯蒂安，西班牙，建筑师：R. 莫内奥

后记

张钦楠

本丛书是中国建筑学会为配合1999年在中国北京举行第20次世界建筑师大会而编辑，聘请美国哥伦比亚大学建筑系教授K. 弗兰姆普敦为总主编，中国建筑学会副理事长张钦楠为副总主编，按全球“十区五期千项”的原则聘请12位国际知名建筑专家为各卷编辑以及80余名各国建筑师为各卷评论员，通过投票程序选出20世纪全球有代表性的建筑1000项，以图文结合的方式分别介绍。每卷由本卷编辑撰写综合评论，评述本地区建筑在20世纪的演变与成就，并由评论员分工对所选项目各作几百字的单项文字评述，与精选图照配合。中国方面聘请关肇邺、郑时龄、刘开济、罗小未、张祖刚、吴耀东等为编委配合编成。

中国建筑工业出版社于1999年对此项目在人力、财力、物力方面积极投入，以王伯扬、张惠珍、董苏华、黄居正等编辑负责，与奥地利斯普林格出版社紧密合作，共同出版了中文、英文的十卷本精装版。丛书首版面世后，曾获得国际建筑师协会（UIA）屈米建筑理论和教育荣誉奖、国际建筑评论家协会（CICA）荣誉奖以及我国全国科技一等奖和中国出版政府奖提名奖。

国际建筑评论家协会（CICA）对本丛书的评论是："这部十卷本的作品是对全世界当代建筑的范围广阔的研究，把大量的实例收集在一起。由中国建筑学会发起，很多人提供了评论文字。它提供了一项可持久的记录，并以其多样性、质量、全面性受到嘉奖。这确实是一项给人印象深刻的成就。"

按照原协议及计划，这套丛书在精装本出版后，将继续出版普及的平装本，但由于各种客观原因，未能实现。

众所周知，20世纪世界建筑发生了由传统转为现代的巨大改变，其历史意义远超过了一个世纪的历史记录，生活·读书·新知三联书店有鉴于本丛书的持久文化价值，决定出版中文普及版。此次中文普及版，是在尊重原版的基础上，做了适当的加工与修订，但原"十区"名称中有个别与现今名称不同，保留原貌，以呈现历史真实。此次全面修订出版时，原书名《20世纪世界建筑精品集锦》改为《20世纪世界建筑精品1000件》。希以更好的面目供我国建筑师、建筑学界的师生、广大文化界人士来阅读、保存与参考。

2019年8月29日

图书在版编目（CIP）数据

20 世纪世界建筑精品 1000 件 . 第 4 卷，环地中海地区 / （美）K. 弗兰姆普敦总主编 ；（瑞士）V.M. 兰普尼亚尼本卷主编；乔岚，张利，毛蔚克译．—北京：生活 · 读书 ·新知三联书店，2020.9
ISBN 978－7－108－06778－4

Ⅰ. ① 2… Ⅱ. ① K… ② V… ③乔… ④张… ⑤毛… Ⅲ. ①建筑设计－作品集－世界－现代 Ⅳ. ① TU206

中国版本图书馆 CIP 数据核字（2020）第 139194 号

责任编辑 唐明星 王海燕
装帧设计 刘 洋
责任校对 常高峰
责任印制 宋 家
出版发行 生活 · 讀書 · 新知 三联书店
（北京市东城区美术馆东街 22 号 100010）
网 址 www.sdxjpc.com
经 销 新华书店
印 刷 北京图文天地制版印刷有限公司
版 次 2020 年 9 月北京第 1 版
2020 年 9 月北京第 1 次印刷
开 本 720 毫米 × 1000 毫米 1/16 印张 27.5
字 数 100 千字 图 644 幅
印 数 0,001－3,000 册
定 价 198.00 元
（印装查询：01064002715；邮购查询：01084010542）